煤炭洗选企业安全生产标准化管理体系

中国神华能源股份有限公司
中国煤炭工业协会生产力促进中心 编

应急管理出版社

·北京·

图书在版编目（CIP）数据

煤炭洗选企业安全生产标准化管理体系／中国神华能源股份有限公司，中国煤炭工业协会生产力促进中心编．－－北京：应急管理出版社，2023
　ISBN 978－7－5237－0162－1

Ⅰ．①煤…　Ⅱ．①中…②中…　Ⅲ．①煤矿—安全生产—安全标准—中国　Ⅳ．①TD7－65

中国国家版本馆 CIP 数据核字（2023）第 226949 号

煤炭洗选企业安全生产标准化管理体系

编　　者	中国神华能源股份有限公司
	中国煤炭工业协会生产力促进中心
责任编辑	肖　力
责任校对	孔青青
封面设计	解雅欣
出版发行	应急管理出版社（北京市朝阳区芍药居 35 号　100029）
电　　话	010－84657898（总编室）　010－84657880（读者服务部）
网　　址	www.cciph.com.cn
印　　刷	北京地大彩印有限公司
经　　销	全国新华书店
开　　本	710mm×1000mm $^1/_{16}$　印张 $8^1/_2$　字数 105 千字
版　　次	2023 年 12 月第 1 版　2023 年 12 月第 1 次印刷
社内编号	20231430　　　　　　　　定价　36.00 元

版权所有　违者必究

本书如有缺页、倒页、脱页等质量问题，本社负责调换，电话：010－84657880

编委会

主任 郑厚发 周廷扬

委员 董永胜 吴晓华 叶 平 杨 扬
　　　 张占国 姬刘亭 毛吉星 许德轩
　　　 马歆涛 赵 欣 李慧彤 谷欣博
　　　 杨 航 何 瑶

前言

作为压舱石,煤炭对于我国国民经济的高质量发展具有重要作用。当前,煤炭清洁高效利用是煤炭产业链发展的基本要求,煤炭洗选是煤炭清洁高效利用源头控制的关键。然而,煤炭洗选企业的安全生产乃至安全生产标准化不能满足煤炭洗选企业的需要。本书开展煤炭洗选企业安全生产标准化体系研究。煤炭洗选企业安全生产标准化管理体系研究具有以下几方面的意义。

(1) 安全生产标准化管理体系是健全煤炭洗选企业安全生产管理的重要手段。

(2) 安全生产标准化管理体系是煤炭洗选企业构建双重预防机制的重要内容。

(3) 安全生产标准化管理体系是煤炭洗选企业实现安全生产的重要保障。

(4) 安全生产标准化管理体系是煤炭洗选企业标准化的重要环节。

作为我国乃至全球重要的能源供应商,中国神华能源股份有限公司是国家能源投资集团有限责任公司旗下 A + H 股上市公司,实行煤炭生产、运输、销售一条龙经营,业务实施"矿、路、电、港、航"一体化,提供煤炭生产和销售,电力生产和供应,煤制油及煤化工,以及相关铁路、港口、航运等运输服务,中国神华能源股份有限公司拥有19家大型煤炭洗选企业。

随着科技的进步和社会的发展，煤炭洗选企业生产规模越来越大，工艺系统越来越复杂，自动化和智能化水平越来越高，对安全生产标准化提出了更高的要求，现行的相关标准、规范已不能满足目前的发展需求。同时，做好安全生产标准化工作，是贯彻落实党中央、国务院工作部署的需要，也是洗选企业落实《中华人民共和国安全生产法》的需要。《中共中央 国务院关于推进安全生产领域改革发展意见》（中发〔2016〕32号）要求大力推进企业安全生产标准化建设，实现安全管理、操作行为、设备设施和作业环境的标准化。2021年9月1日实施的《中华人民共和国安全生产法》也要求生产经营单位应加强安全生产标准化建设工作。

搞好煤炭洗选企业安全生产标准化工作是企业安全生产的需求，有利于切实保护煤炭洗选企业广大职工的生命和财产安全，有利于提升煤炭洗选企业广大职工周边的环境质量，有利于煤炭洗选企业树立企业良好形象，有利于提高煤炭洗选企业的经济效益，有利于提升煤炭洗选企业的管理水平，对实现煤炭洗选企业的安全绿色高效智能发展意义重大。

本书基于煤炭行业、其他行业下属煤炭洗选企业、煤炭洗选单位的广泛调研，采用问卷调研、层次分析法、模糊综合评价法、系统工程法、自顶向下、自底向上、统计学等方法，提出了煤炭洗选企业安全生产标准化管理体系建立的基本要求及考核评级办法，以期推进煤炭洗选企业（单位）的安全生产标准化。

编 者

2023年10月

目录

第一章 概述 ……………………………………………………… 1
    一、煤炭洗选现状 ………………………………………………… 1
    二、煤炭洗选企业安全生产及标准化现状 …………………………… 4
    三、煤炭洗选企业安全生产标准化管理体系建立的
        背景与意义 …………………………………………………… 9

第二章 煤炭洗选企业安全生产标准化管理体系基础研究 …… 12
    一、顶层设计 …………………………………………………… 12
    二、煤炭洗选生产作业危险辨识及风险评估 ……………………… 14
    三、煤炭洗选企业安全风险分级管控 ……………………………… 43
    四、煤炭洗选企业安全生产事故隐患排查与治理 ………………… 46

第三章 煤炭洗选企业安全生产标准化管理体系 总则 ……… 50
    一、指导思想 …………………………………………………… 50
    二、适用范围 …………………………………………………… 50
    三、基本原则 …………………………………………………… 51
    四、基本条件 …………………………………………………… 52
    五、基本要求 …………………………………………………… 52
    六、考核内容 …………………………………………………… 55

七、评价方法 …………………………………………… 56

　　八、考核定级办法 ……………………………………… 58

第四章　煤炭洗选企业安全生产标准化管理体系
　　　　　理念目标与主要负责人安全承诺 …………… 59

　　一、工作要求 …………………………………………… 59

　　二、评分办法 …………………………………………… 60

第五章　煤炭洗选企业安全生产标准化管理体系
　　　　　组织机构 …………………………………… 66

　　一、工作要求 …………………………………………… 66

　　二、评分办法 …………………………………………… 66

第六章　煤炭洗选企业安全生产标准化管理体系
　　　　　全员安全生产责任制及安全管理制度 ………… 71

　　一、工作要求 …………………………………………… 71

　　二、评分办法 …………………………………………… 72

第七章　煤炭洗选企业安全生产标准化管理体系
　　　　　从业人员素质 ……………………………… 76

　　一、工作要求 …………………………………………… 76

　　二、评分办法 …………………………………………… 77

第八章　煤炭洗选企业安全生产标准化管理体系
　　　　　安全风险分级管控 ………………………… 86

　　一、工作要求 …………………………………………… 86

二、评分办法 ·· 87

第九章 煤炭洗选企业安全生产标准化管理体系事故隐患排查治理 ·· 96

一、工作要求 ·· 96

二、评分办法 ·· 97

第十章 煤炭洗选企业安全生产标准化管理体系现场管控 ·· 106

一、工作要求 ·· 106

二、评分办法 ·· 107

第十一章 煤炭洗选企业安全生产标准化管理体系持续改进 ·· 122

一、工作要求 ·· 122

二、评分办法 ·· 122

第一章 概述

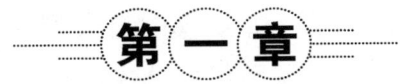

一、煤炭洗选现状

煤炭洗选是指利用煤与矸石的物理性质不同，在不同密度或不同特性的介质中使煤与矸石（杂质）分开的方法。洗选是实现煤炭资源分质分级利用的必要环节。根据煤与矸石（杂质）物理化学等性质（如粒度、密度、硬度、磁性及电性等）的差异，主要选煤方法有重力选煤（包括跳汰选煤、重介质选煤、斜槽选煤、摇床选煤、风力选煤等）、电磁选、浮选、化学选煤、微生物选煤等。

煤炭洗选是伴随煤炭开采、为实现煤炭不同领域利用而生的。与发达国家相比，我国的煤炭洗选起步较晚，设备比较落后。19世纪50年代前后，我国引入了煤炭洗选技术，开始洗选加工。当时美国、欧洲多数产煤国的煤炭洗选占比已达50%。20世纪80年代，美国麦克纳利公司为我国设计的平朔安太堡露天煤矿选煤厂，是我国国内第一座特大型现代化选煤厂。90年代后期，选煤厂的建设使用规模基本都保持在6000万t/a以上，并配备了与生产能力相匹配的高效、大型化设备。随着科学技术的进一步发展，我国自主研发的总体水平高于国际同类选煤工艺的产品——重介质旋流器得到推广应用。我国的选煤厂朝大型化、自动化、智能化的方向发展。目前，我国投产使用和在建的不小于1000 万 t/a 规模的特大型现代化选煤厂就有 40 多座。而且，大型特大型现代化选煤厂均实现了设备高效大型化，使整个生产系统单一化，减少了作业环节，有效降低了建设和生产成本。近些年，将智能化技术与选煤技术相融合，终端操控部件与计算机主系统中的操控程序相关联，主系统下达指令至各执行设备，通过主系统的操控指令，实现智能化分选。目前，新建的智能化选煤厂能实现生产透明化、信息精细化、状态最优化和决策智能化，达到减人提效双重功效，提高选煤厂整体经济效益。重点发展煤炭洗选的原因如下。

（1）政策驱动煤炭洗选成为煤炭产业链中的重点环节。随着煤炭资源的逐步开发，煤炭采掘条件日趋复杂，开采出的原煤煤质越发不能满足煤炭清洁高效利用的要求。《中华人民共和国大气污染防治法》要求推行煤炭洗选加工，降低煤炭的硫分和灰分。2007 年，《国家发展改革委　国家环保总局关于印发煤炭工业节能减排工作意见的通知》（发改能源〔2007〕1456 号）要求煤矿配套建设选煤厂。2014 年国家发展改革委、国家能源局、环境保护部联合发布《能源行业加强大气污染防治工作方案》，要求推动煤炭高效清洁化。国家大力发展洁净煤技术，推进选煤工作。在国家的政策支持和倒逼下，1995—2022 年，我国原煤入选率从 16.33% 提升到了 69.7%，入选量由 2.12 亿 t 提升到了 31.78 亿 t。煤炭洗选符合国家法律法规要求和产业政策方向，将作为煤炭清洁高效利用的源头而更加规范化、标准化、高效化发展。

（2）科技驱动煤炭洗选技术、装备长足发展。选煤技术分为湿法选煤和干法选煤两种。其中，湿法选煤是依托分选介质对煤炭进行洗选的方法，俗称洗选。煤炭洗选设备发展迅速。目前，一些国内先进的选煤厂，已经采用了 1.5 m 重介质旋流器、50 m 高效浓缩机、980 m^2 大面积板框压滤机等设备实现煤炭洗选。这些设备的入料下限低、处理量大，减少了设备台数，简化了工艺流程，有效降低煤炭洗选成本。选煤设备的发展及系统自动控制的完善，使原煤入选比例逐渐提高。难选煤的洗选工艺不断成熟，尤其分选技术的实施，提高了煤炭资源利用率，实现了绿色选煤，节省了资源，增加了企业效益。但是受设备制造和整体工业制造水平影响，很大一部分洗选设备还没有达到国际先进水平，需要进一步提高煤炭洗选科创水平。

（3）智能化引领煤炭洗选智能发展。选煤厂智能化可实现智能化集中控制、智能重介、智能浓缩、智能配煤和智能装车等功能；通过对安全、生产、经营等信息进行有机集成，实现信息的随时随地集中监控、传输；利用大数据、人工智能、人工神经网络及深度学习研究建立预测模型、工艺调整模式、智能分析模型；对安全、生产、调度信息等进行综合分析，为选煤厂生产及管理提供准确实时信息，提高生产效率。智能化的煤炭洗选包括煤炭洗选智能云平台、智能控制系统、智能管理、智能设备四个主要部分。其中，智能云平台需要在煤炭洗选过程科学、精确、全方位收集并分析所需的大数据信息；设计构架清晰，从技术选择的需求出发，结合关键性的技术手段和目标问题，构建云计算平台；结合煤炭洗选专业化程度高、受外部影响因素众多、生产数据平台的多变性高的特点，优化科学管理构架。智能控制系统主要应用机械自动化技术、智能控制技术和一系列传感器等，实现煤炭洗选过程中全方位智能化——设备的自动化干预和控制、设备的自动化执行。智能管理将选煤与人工智能、计算机和科学算法技术有机结合，利用大数据和云技术平台等进行生产经营和生产管理的全方位分析工作，根据以往工作信息做好全方位的分析和控制，制定有效的工作方案，进行后续平台和技术的优化、预测、有效评估等，实现整个生产过程的有效管理。智能设备是煤炭洗选智能化的物质基础，接收智能控制系统指令，在故障发生第一时间进行警报、系统内部问题的自行修复和自动精准监测，进而实现精准的设备维修和故障控制。

综上，在煤炭"压舱石"属性和煤炭清洁高效利用的双重作用下，煤炭洗选将逐步朝向大型化、现代化、智能化方向迈进。同时，对煤炭洗选的安全生产提出了更高的要求。

二、煤炭洗选企业安全生产及标准化现状

1. 煤炭洗选企业安全生产现状

安全生产是红线、底线、生命线，是企业发展的基础。煤炭洗选企业的安全生产是煤炭企业关注的重点。作为地面生产单位，煤炭洗选企业发生事故的可能性和严重程度相对较低，但煤炭洗选企业（单位）的安全情况不容忽视。2000年后，随着煤炭洗选量的加大，选煤系统复杂化、专业化程度的不断提高，我国煤炭洗选企业人员伤亡事故时有发生。鉴于煤炭洗选工作条件和作业流程，企业事故呈现散发状态。煤炭洗选企业存在多种危险源，如机械设备众多，工作空间存在瓦斯、煤尘等易燃易爆物质，工作人员素质参差不齐，违规操作和指挥时有发生等，煤炭洗选企业事故屡见不鲜。

据有关事故统计资料，80%以上的事故属于责任事故。人的不安全行为是导致事故多发的主要原因。煤炭洗选企业的安全生产是一个系统工程。结合煤炭洗选企业现代化、机械化、专业化

的实际,煤炭洗选企业安全生产主要影响因素包括两个方面:生产作业人员和生产资料(即洗选设备)。煤炭洗选过程中常见的5类事故为机械伤害、触电、高处坠落、物体打击、火灾和爆炸。

2. 煤炭洗选企业安全生产标准化现状

1)发展阶段

随着煤炭企业安全生产标准化的逐步推进,煤炭洗选企业安全生产标准化工作也经历了安全质量标准化和安全生产标准化两个阶段的过程。

(1)安全质量标准化阶段。2004年,《国务院关于进一步加强安全生产工作的决定》(国发〔2004〕2号)提出了在我国所有的工矿、商贸、交通、建筑施工等企业普遍开展安全质量标准化活动的要求。国家安全生产监督管理总局发布了《关于开展安全质量标准化活动的指导意见》,煤矿等行业均开展了安全质量标准化的创建工作。随后各地方煤矿安全相关管理部门下发了各地方煤矿和地面单位安全质量标准化相关文件,出台煤矿和地面单位安全质量标准化标准及考核评分办法,指导选煤厂的安全质量标准化工作开展。

(2)安全生产标准化阶段。2010年,国家安全生产监督管理总局提出,并由全国安全生产标准化技术委员会发布了《企业安全生产标准化基本规范》(AQ/T 9006—2010),推进了企业的安全生产标准化工作。2016年12月18日,中共中央、国务院出台了《关于推进安全生产领域改革发展的意见》,进一步加强和规范了全国企业安全生产标准化工作,对各行业已开展的安全生产标准化工作在形式要求、基本内容、考评办法等方面作出了比较一致的规定。2016年,全国安全生产标准化技术委员会发布了《企业安全生产标准化基本规范》(GB/T 33000—2016)，并于2017年4月1日起实施。2020年，为规范井工煤矿、露天煤矿的安全生产标准化工作，国家煤矿安全监察局印发了《煤矿安全生产标准化管理体系基本要求及评分方法（试行）》（煤安监行管〔2020〕16号），有效提升了煤矿安全生产水平。

随着煤炭洗选量逐步加大，我国地方政府特别是主要产煤省，以及煤炭企业正在积极研究、开发煤炭洗选企业（单位）的安全生产标准化体系，制定并实施本地区或本企业洗选的安全生产标准化基本要求及评分办法。但是全行业、全国范围内并没有形成统一的煤炭洗选企业安全生产标准化体系。因此，研究制定煤炭洗选企业安全生产标准化体系，制定、实施煤炭洗选企业安全生产标准化管理体系基本要求及评分方法，对于促进煤炭洗选的安全生产非常必要。

2）存在的问题

（1）管理制度有待完善，监管力度不足。当前煤炭洗选企业执行的规程仍是原国家安全生产监督管理总局于2005年发布的《选煤厂安全规程》。该规程的部分条款已经不适应现代煤炭企业安全生产需求。新修订《选煤厂安全规程》（GB 43203—2023）将于2024年7月1日实施。总体而言，国家或行业层面就煤炭洗选企业安全生产标准化方面的监督、考核管理制度不健全、文件缺乏，安全生产风险分级管控和隐患排查治理双重管理机制落实不到位。

（2）企业重视不够，标准意识有待提高。一是在整个煤炭行业中，煤炭洗选还是作为煤矿的一个地面单位来管理，而相对于井下或露天采矿的复杂环境，煤炭洗选安全生产并未得到足够的重视。二是《企业安全生产标准化基本规范》（GB/T 33000—

2016）实施以来，煤炭洗选企业对该标准的实施和落实还不到位。三是煤炭洗选企业管理者、工作人员安全生产意识不强，甚至部分人员认为安全生产标准化对于煤炭洗选具体工作可有可无，安全生产标准化对洗选企业的发展不会有影响，存在重生产轻安全生产标准化的思想。

（3）安全生产标准化体系结构不统一、不科学。山西省煤炭洗选企业安全生产标准化体系结构包括安全管理体系、安全风险分级管控及隐患排查治理、安全培训及特种作业人员管理、洗选工艺及机电设备管理、瓦斯煤尘管理、消防管理、放射源及危化品管理、作业场所职业危害管理、储装运系统管理9个部分。在总则中有目标与计划、组织机构与职责、技术保障、现场管理和过程控制、持续改善等工作要求，但是在具体的评分考核中未将这些要求纳入考核范围，标准化体系不合理、不科学。国家能源集团公司煤炭洗选企业安全生产标准化体系结构包括安全管理标准化和生产标准化两部分。其中安全管理标准化包括理念目标和安全承诺、组织机构、安全生产责任制及安全管理制度、人员素质、安全风险分级管控、事故隐患排查治理及持续改进7个要素。生产标准化包括厂区和工作场所、原煤准备、洗选加工、煤泥处理、运输与装车、主要机电设备管理、特种设备辅助设备与计量器具、质量管理、危险化学品放射源与库房管理、特种作业、承包商管理、消防安全管理、调度事故与应急管理、职业健康14个要素。虽然内容全面，但是存在部分内容重复现象。安全生产标准化体系不科学、不合理。因此，应在对全行业调查研究的基础上，建立科学合理的煤炭洗选企业安全生产标准化体系，实现高效管理。

（4）安全风险分级管控要求各不相同。安全风险管控是煤炭洗选企业安全生产的重要组分，但是煤炭洗选企业对安全风险分级管控的理解和重视程度不同，安全风险分级管控方式方法也存在较大差异。这种差异不利于煤炭洗选企业安全风险分级管控的规范性、普适性、推广性。

（5）安全生产标准化达标管理存在差异。由于各洗选单位理解、做法及情况不同，在安全生产标准化评价考核中，达标标准各异。这种标准差异不利于同行业对比，煤炭洗选企业安全生产标准对标，乃至煤炭洗选企业安全生产的整体水平有待提高。

鉴于上述问题，煤炭洗选安全生产标准化体系，应坚持以"立标、学标、对标、达标"为着力点，持续推动煤炭洗选管理标准化、作业标准化、环境标准化等系统建设，实现安全生产过程的全面标准规范化。围绕煤炭洗选生产全流程，组建安全生产标准化建设工作领导小组、设立专门办公室、配备专人，做好安全生产标准化的总体管控，加强过程监督。同时结合安全生产标准化建设需求，对安全生产标准化建设的机构、计划、方案、措施等，全面组织实施，积极引导全体员工关注并参与安全生产。

3）重点工作

建设煤炭洗选企业安全生产标准化体系应做好以下工作。

（1）建立健全管理制度，加强监督管理力度。从国家层面、行业层面建立健全煤炭洗选企业安全生产标准化管理体系和管理机制，建立煤炭洗选企业安全生产标准化管理体系基本要求及考核评级办法，并强化宣贯、落实与实施。

（2）提高安全生产标准化意识。通过集中培训学习、交流研讨、定期考核评价等提高相关管理与从业人员安全生产标准化意识，做到上标准岗，干标准活，营造浓厚的标准化氛围。

（3）建立统一的煤炭洗选企业安全生产标准化体系。基于科学研究，建立科学统一、符合生产实际的标准化体系，设置达标基本条件，设定统一的标准化等，开展标准化达标活动，强化日常监督检查和考核，严格控制安全风险和事故隐患。

（4）开展安全风险分级管控工作。开展煤炭洗选企业危险源辨识、风险评估、风险管控措施的制定实施与风险管控、安全风险监测、危险源再辨识再评估等工作。建议危险源辨识需要考虑过去、现在、将来三种时态和正常、异常、紧急情况三种状态。综合考虑人员、设备、环境风险，制定相应处理方法，明确预防措施。同时加强日常人工和在线拣择，确保安全风险处于受控状态。

（5）加大新成果、新技术投入，提升标准化水平。煤炭洗选企业安全生产标准化体系中，应注重新成果、新技术的创新与应用，鼓励技术研发与自主创新，并鼓励技术人员进行自主研发和推广应用新材料、新成果、新技术，用创新技术保障煤炭洗选的安全生产。同时通过技术标准的实施，不断提高标准化水平。

三、煤炭洗选企业安全生产标准化管理体系建立的背景与意义

企业安全生产标准化作为现代管理的重要手段，在企业安全生产管理中具有十分重要的作用。通过开展安全生产标准化工作，煤炭洗选企业可显著提升安全生产绩效。然而，与其他行业相比，煤炭洗选企业安全生产标准化工作还远落后于煤炭洗选企业安全生产形势需要。通过加强煤炭洗选企业安全生产标准化分级、考核、评定，强化企业安全生产基础管理，以期规范人员行

为，提高装备自动化、智能化和管理水平，尽可能降低安全生产事故，促进安全高效绿色生产，推进煤炭洗选企业的转型升级。建立煤炭洗选企业安全生产标准化管理体系对煤炭洗选企业规范可持续发展具有非常重要的意义。

一是煤炭洗选企业建立健全管理制度，强化监督管理的重要手段。通过煤炭洗选企业安全生产标准化管理体系的建立，全面梳理国家和行业层面煤炭洗选企业安全生产相关标准，凝练并提出安全生产相关机制、制度、计划、要求及考核评价办法，对于指导煤炭洗选企业安全生产，加强日常监督管理，强化考核力度，规范化生产管理，具有非常重要的作用。

二是统一思想，提高企业安全生产标准化意识、实现煤炭企业安全生产标准化的重要途径。当前，与煤矿安全生产标准化相比，煤炭洗选企业的安全生产标准化意识弱。通过安全生产标准化管理体系的建立，实现管理制度标准化、人员配备标准化、岗位操作标准化，实现煤炭洗选企业生产横向到边、纵向到底的全过程标准化管理。从根本上提高广大职工对标准和标准化的认识，进而开展标准化达标活动，加强日常监督检查和考核，认真落实国家安全风险分级管控和安全隐患排查治理双重预防机制，严格控制安全风险和事故隐患，实现安全生产。

三是科学开展安全风险分级管控的重要保障。煤炭洗选企业安全生产标准化管理体系的建立，全面厘清了煤炭洗选企业安全生产全流程生产作业，并提出安全生产基本要求，为安全风险分级管控和事故隐患排查提供了统一、规范的理论依据，从而规范煤炭洗选安全生产、危险源辨识、风险评估、隐患排查与治理工作。

四是煤炭洗选企业技术创新的重要助力。煤炭洗选企业通过安全生产标准化工作，更加快速准确地了解生产过程中可能遇到的人的不安全行为、物的不安全状态、环境的不良状况和管理不善等方面的问题，也便于企业以问题为导向，强化新技术、新材料、新工艺的研究与创新，进而不断提升煤炭洗选企业的自动化、信息化与智能化水平。

第二章

煤炭洗选企业安全生产标准化管理体系基础研究

一、顶层设计

(1) 做好职工安全教育，提升职工安全意识。即通过对煤炭洗选职工做好安全方面的教育工作，树立职工安全第一的意识。具体为通过参加安全教育培训，强化员工自身的安全意识和责任意识。为获得实效，企业需创新安全教育形式，通过案例教学、创新奖惩制度、评先树优、举办安全生产知识竞赛等方式，激发员工参加培训的主动性和积极性。

(2) 做好职工安全技能培训，规范生产流程。即培养职工的专业技能和优秀的素养，全面推动岗位员工安全行为规范，确保工作人员生产工作时，做好防护、检查设备性能与状态正常、规范操作、不存在安全隐患等。若存在安全隐患，要及时排除。在专业技能培训方面，一方面要加强培训师资队伍建设，通过开展教师专业培训，提高教师的新知识储备、新技术操作水平，并加强与其他单位之间的交流，研究不同层次文化水平职工的培训方式和教学技巧，提升职工培训效果；另一方面增强职工专业技能培训投入，通过采购先进的培训设施、系统、操作模拟技术和教材，为职工的专业技能培训提供优质平台，确保职工专业技能水平与时俱进。

（3）强化煤炭洗选设备安全运行水平，创新技术推进洗选安全。首先，定期维护机电设备，磨损部件及时更换和维修，避免机电设备损坏；同时及时清理设备上的粉尘以及卡住的碎石等。其次，及时更换处于报废期的机电设备。若设备使用年限长，已经接近报废期或已经处于报废期，尽管维修后能使用，但对于安全生产存在较大隐患，必须及时更换。再次，设备出现问题后，还要对设备故障进行深入调查，纠正错误操作，完善设备管理，并进行全面科学分析，避免这类问题重复出现。最后，提高设备的自动化、智能化水平，实现有人巡视、无人操作的数字化洗选，从根本上提升煤炭洗选企业的安全生产水平。

（4）营造良好的安全生产环境。首先，将安全生产环境营造融入企业规划期和建设期，对可能发生的各类潜在性危害因素进行分析，预测可能造成的影响，并制定相关处理措施，最大可能避免事故发生。结合企业实际情况，进行有效布局，尽量地划分生产区域，做好与生产区域的隔离。原材料储存地区应设置合理的监控系统，重点做好易燃易爆生产原材料储存、作业区域，避免因原材料问题产生安全事故。线路布设要谨慎且确保安全，避免人员在检查过程中发生安全事故。其次，作业环境内光照应尽可能采用自然光或与自然光源接近，热辐射小、亮度分布均匀的人工光源，且对光源即照度进行合理分配。根据色彩的效果选择适当的颜色来构建良好的作业环境。尽可能降低作业环境内的振动与噪声，采用耳塞、防震垫等安全防护用品，或者在现场设置消音隔板等。

（5）建立健全安全生产机制，完善管理制度。首先，国家、行业层面建立健全煤炭洗选企业安全生产标准化体系建设相关机制与制度，并严格落实，实现管理制度标准化、人员配备标准化、岗位操作标准化，实现横向到边、纵向到底的全过程标准化管理。其次，企业贯彻落实煤炭洗选企业安全生产标准化工作，建立健全相关制度，包括设备管理制度、"三违"管理制度、安全组织制度、培训制度、安全风险分级管控制度、隐患排查与治理制度、风险预控制度等。最后，建立统一的煤炭洗选企业安全生产标准化管理体系。充分研究我国煤炭洗选企业安全生产实际，建立具有科学性、可比性、符合现场实际的安全生产标准化体系，设置达标基本条件，设定统一的标准化等级，开展标准化达标活动，加强日常监督检查和考核。

二、煤炭洗选生产作业危险辨识及风险评估

依据《煤炭洗选工程设计规范》（GB/T 50359—2016）、《选煤厂安全规程》（GB 43203—2023）等，坚持"横向到边、纵向到底、不留死角"的原则，自底向上和自顶向下相结合，综合考虑人的不安全行为、物的不安全状态、不良的作业环境、管理方面的缺陷，采用工作任务分析法和事故致因机理分析法进行煤炭洗选生产作业危险源辨识，采用专家讨论法和LECD方法进行风险评估。通过辨识，项目组共列出煤炭洗选生产作业危险源263项。煤炭洗选生产作业危险源辨识与风险评估见表2-1。

由表2-1可知，煤炭洗选生产作业可能存在危险源的作业包括受煤与原煤储存，筛分、除杂与破碎，选煤，脱水，煤泥水处理，产品储存与装车，计量与煤质检查，机电设备修理，工业场地，地面运输，电气，给水与排水12个环节。纵观煤炭洗选全部作业环节，会有如下特征。

（1）不存在极其危险和高度危险的危险源。煤炭洗选作业

第二章 煤炭洗选企业安全生产标准化管理体系基础研究

表2-1 煤炭洗选生产作业危险源辨识与风险评估表

序号	生产环节	作业活动	物的不安全状态	人的不安全行为	可能导致的事故	风险评估 L	风险评估 E	风险评估 C	风险评估 D	风险等级
1	受煤与原煤储存	巡检	地面潮湿、台阶上有水、煤打滑	注意力不集中	人员伤害	3	6	1	18	1
2	受煤与原煤储存	巡检	安全护栏不牢	手伸近不安全范围	人员伤害	3	1	3	9	1
3	受煤与原煤储存	巡检	安全护栏不牢	安全距离不够	人员伤害	1	1	3	3	1
4	受煤与原煤储存	巡检	刮板输送机伤人	跨越刮板输送机	人员伤害	1	1	7	7	1
5	受煤与原煤储存	巡检	对轮护罩不全	手伸近不安全范围	人员伤害	3	1	7	21	2
6	受煤与原煤储存	开给煤机	煤压住输送带	操作失误	人员、财产损害	3	1	7	21	2
7	受煤与原煤储存	开给煤机	人吸入煤尘	未戴口罩	影响人体健康	3	3	3	27	2
8	受煤与原煤储存	清理积煤	碰伤人	未戴安全帽	影响人体健康	1	1	3	3	1
9	受煤与原煤储存	清理积煤	碰伤人	工具碰到运转部件	人员伤害	3	0.5	3	4.5	1
10	受煤与原煤储存	人员行走	盖板不牢固	落脚不稳	人员伤害	3	1	1	3	1

表2-1（续）

序号	生产环节	作业活动	物的不安全状态	人的不安全行为	可能导致的事故	L	E	C	D	风险等级
11	受煤与原煤储存	供煤	煤压住输送带	岗位工巡检不到位	财产损失	3	1	1	3	1
12	受煤与原煤储存	看仓	观察孔安全设施不牢	站立位置不对	人员伤害	3	1	1	3	1
13	筛分、除杂与破碎	手选拣矸	输送带载人运行	站立位置不正确	人员伤害	1	0.5	3	1.5	1
14	筛分、除杂与破碎	手选拣矸	粉尘超限	未戴防护用具	影响健康	3	1	3	9	1
15	筛分、除杂与破碎	手选拣矸	噪声超限	未戴防护用具	影响健康	6	1	3	18	1
16	筛分、除杂与破碎	破碎机	粉尘超限	未佩戴呼吸护具	影响健康	3	1	3	9	1
17	筛分、除杂与破碎	破碎机	噪声超限	未佩戴呼吸护具	影响健康	6	1	3	18	1
18	筛分、除杂与破碎	振动筛	粉尘超限	未佩戴呼吸护具	影响健康	3	1	3	9	1
19	筛分、除杂与破碎	振动筛	噪声超限	未佩戴防护用具	影响健康	6	1	3	18	1
20	筛分、除杂与破碎	清理现场卫生	水管压力大	操作不当	人员伤害	3	0.5	3	4.5	1
21	筛分、除杂与破碎	冲溜溜槽	水管压力大	操作不当	人员伤害	3	0.5	3	4.5	1

表 2-1（续）

序号	生产环节	作业活动	物的不安全状态	人的不安全行为	可能导致的事故	风险评估 L	风险评估 E	风险评估 C	风险评估 D	风险等级
22	筛分、除杂与破碎	输送带运行	输送带跑偏	巡检不到位	财产损失	1	1	1	1	1
23	筛分、除杂与破碎	输送带运行	输送带跑偏	输送带连接不当	财产损失	0.5	1	1	0.5	1
24	筛分、除杂与破碎	输送带运行	输送带打滑	调整不及时	财产损失	3	1	1	3	1
25	筛分、除杂与破碎	输送带运行	输送带打滑	给煤不均	财产损失	3	1	1	3	1
26	筛分、除杂与破碎	输送带运行	输送带打滑	输送带上水大	跑煤	1	1	1	1	1
27	选煤	巡检	地面、楼梯有油、煤打滑	注意力不集中	人员伤害	3	2	1	6	1
28	选煤	巡检	吊装孔盖板未盖好	落脚位置不对	人员伤害	1	1	1	1	1
29	选煤	巡检	检修孔盖板不牢	落脚位置不对	人员伤害	1	1	1	1	1
30	选煤	巡检	激振器护罩不牢	站立位置不对	人员伤害	1	1	1	1	1
31	选煤	巡检	设备安全护栏不牢	站立位置不对	人员伤害	3	1	1	3	1
32	选煤	巡检	通道窄、矮	注意力不集中	人员伤害	6	6	1	36	2

表2-1（续）

序号	生产环节	作业活动	物的不安全状态	人的不安全行为	可能导致的事故	风险评估 L	风险评估 E	风险评估 C	风险评估 D	风险等级
33	选煤	排料	煤压住捞坑	操作失误	财产、人员损失	6	1	1	6	1
34	选煤	探视床层	探杆断伤人	用力过大、站立位置不对	人员伤害	3	1	3	9	1
35	选煤	清理除杂筛	工作场所低、矮	未戴安全帽	人员伤害	6	6	1	36	2
36	选煤	拣杂	观护栏不牢	站立位置不对	人员伤害	3	1	1	3	1
37	选煤	拣杂	噪声致残	未戴安全防护	人员致残	6	2	7	84	3
38	选煤	清理筛板	作业场所低、矮	未戴安全帽	人员伤害	3	6	1	18	1
39	选煤	看中煤矸石仓	照明不足	注意力不集中	人员伤害	6	2	3	36	2
40	选煤	排料	地面滑	注意力不集中	财产、人员损失	3	3	1	9	1
41	选煤	排料	对轮、输送带轮护罩不牢	站立位置不对	人员伤害	1	1	1	1	1
42	选煤	清理破碎机	人吸入粉尘	未戴口罩	影响人体健康	6	1	3	18	1
43	选煤	清理捞坑机尾积煤	池内滑	落脚不实	人员伤害	3	1	15	45	2

表2-1(续)

序号	生产环节	作业活动	物的不安全状态	人的不安全行为	可能导致的事故	风险评估 L	E	C	D	风险等级
44	选煤	清理捞坑机尾积煤	空间窄安全高度不够	未戴安全帽	人员伤害	6	6	3	108	3
45	选煤	矸石放仓	闸门失灵	操作失误	财产、人员损失	3	1	7	21	2
46	选煤	人员行走	作业环境狭窄	未戴安全帽	人员伤害	6	1	1	6	1
47	选煤	人员行走	作业环境狭窄	忽视警告标志信号	人员伤害	3	1	1	3	1
48	选煤	人员行走	作业环境狭窄	行走过快、脚下不稳	人员伤害	3	1	1	3	1
49	选煤	人员行走	作业环境狭窄	未及时瞭望	人员伤害	3	1	1	3	1
50	选煤	人员行走	厂房内道路不平	注意力不集中	人员伤害	3	6	1	18	1
51	选煤	人员行走	人行道路面滑	没穿防护鞋/靴	人员伤害	3	1	1	3	1
52	选煤	人员行走	人行道路面滑	所穿鞋/靴不合要求	人员伤害	3	1	1	3	1
53	选煤	人员行走	人行道路面滑	落脚不稳	人员伤害	3	1	1	3	1

表2-1（续）

序号	生产环节	作业活动	物的不安全状态	人的不安全行为	可能导致的事故	风险评估 L	风险评估 E	风险评估 C	风险评估 D	风险等级
54	选煤	人员行走	高处坠物	未戴安全帽	人员伤害	3	1	3	9	1
55	选煤	人员行走	高处坠物	忽视警告标志信号	人员伤害	3	1	3	9	1
56	选煤	人员行走	辐射	安全间距不够	影响健康	3	1	7	21	2
57	选煤	巡检给煤机	崩煤伤人	站立位置不正确	人员伤害	3	1	7	21	2
58	选煤	开停输送带	输送带伤人	开设备时未给信号	人员伤害	3	1	7	21	2
59	选煤	开停输送带	输送带伤人	防护栏损坏	人员伤害	3	0.5	3	4.5	1
60	选煤	开停输送带	输送带伤人	未经许可开动设备	人员伤害	1	0.5	7	3.5	1
61	选煤	开停输送带	输送带伤人	不按规程操作	人员伤害	1	1	7	7	1
62	选煤	巡检输送带	输送带伤人	注意力不集中	人员伤害	3	1	7	21	2
63	选煤	巡检输送带	输送带伤人	横跨输送带	人员伤害	1	0.5	7	3.5	1
64	选煤	巡检输送带	输送带伤人	不安全装束	人员伤害	1	1	7	7	1

表 2-1（续）

序号	生产环节	作业活动	物的不安全状态	人的不安全行为	可能导致的事故	风险评估 L	风险评估 E	风险评估 C	风险评估 D	风险等级
65	选煤	输送带调偏	输送带伤人	工具没拿牢	人员伤害	3	1	3	9	1
66	选煤	输送带调偏	输送带伤人	注意力不集中	人员伤害	3	1	7	21	2
67	选煤	冲漏斗	人或工具坠落	站立位置不正确	人员伤害	3	1	7	21	2
68	选煤	冲漏斗	人或工具坠落	注意力不集中	人员伤害	3	1	7	21	2
69	选煤	处理挡皮	输送带伤人	手代替工具操作	人员伤害	1	1	7	7	1
70	选煤	处理挡皮	输送带伤人	注意力不集中	人员伤害	3	1	7	21	2
71	选煤	处理挡皮	输送带伤人	手伸进不安全范围	人员伤害	3	1	7	21	2
72	选煤	操作除铁器	漏磁	安全间距不够	影响健康	1	1	3	3	1
73	选煤	操作除铁器	重物坠落	站立位置不正确	人员伤害	3	1	7	21	2
74	选煤	操作除铁器	重物坠落	未戴安全帽	人员伤害	3	1	7	21	2
75	选煤	操作除铁器	重物坠落	注意力不集中	人员伤害	3	1	7	21	2
76	选煤	清理积煤	碰伤人	拆除安全装置	人员伤害	6	0.5	7	21	2

表2-1（续）

序号	生产环节	作业活动	物的不安全状态	人的不安全行为	可能导致的事故	L	E	C	D	风险等级
77	选煤	清理积煤	碰伤人	注意力不集中	人员伤害	3	1	7	21	2
78	选煤	清理积煤	碰伤人	安全间距不够	人员伤害	3	1	7	21	2
79	选煤	清理积煤	粉尘超限	未戴防护护具	影响健康	6	1	7	42	2
80	选煤	开刮板输送机（溜子）	刮板输送机伤人	未及时瞭望	人员伤害	3	1	7	21	2
81	选煤	巡检	刮板输送机伤人	横跨刮板输送机	人员伤害	1	0.5	7	3.5	1
82	选煤	处理落轮	链轮/链子伤人	错误操作	人员伤害	1	0.5	7	3.5	1
83	选煤	处理落轮	链轮/链子伤人	未发信号开动设备	人员伤害	1	0.5	7	3.5	1
84	选煤	处理落轮	链轮/链子伤人	手伸进不安全范围	人员伤害	1	0.5	7	3.5	1
85	选煤	停刮板输送机（溜子）	刮板输送机伤人	错误操作	人员伤害	3	0.5	7	10.5	1
86	选煤	起吊重物	重物坠落伤人	绳、钩接合不牢	人员/财产伤害	1	0.5	15	7.5	1

表 2-1（续）

序号	生产环节	作业活动	物的不安全状态	人的不安全行为	可能导致的事故	风险评估 L	风险评估 E	风险评估 C	风险评估 D	风险等级
87	选煤	起吊重物	重物坠落伤人	站立位置不正确	人员伤害	3	1	15	45	2
88	选煤	起吊重物	重物坠落伤人	起吊空间不足	财产损害	1	0.5	15	7.5	1
89	选煤	起吊重物	重物坠落伤人	错误操作	人员财产伤害	1	0.5	15	7.5	1
90	选煤	起吊重物	重物坠落伤人	在起吊物下停留作业	人员伤害	1	1	15	15	1
91	选煤	起吊重物	重物坠落伤人	未及时瞭望	人员伤害	3	1	15	45	2
92	选煤	起吊重物	重物坠落伤人	注意力不集中	人员伤害	3	1	15	45	2
93	选煤	高空作业	坠落	未系安全带	人员伤害	3	0.5	15	22.5	2
94	选煤	高空作业	坠落	注意力不集中	人员伤害	3	1	15	45	2
95	选煤	高空作业	坠落	错误操作	人员伤害	3	0.5	15	22.5	2
96	选煤	集控开停车	信号失灵引起短路	错误操作	财产损失	3	0.5	1	1.5	1
97	选煤	集控开停车	信号失灵引起短路	开停设备未给信号	人员伤害	3	0.5	15	22.5	2

表 2-1（续）

序号	生产环节	作业活动	物的不安全状态	人的不安全行为	可能导致的事故	风险评估 L	风险评估 E	风险评估 C	风险评估 D	风险等级
98	选煤	清理输送带机头箅子	坠落、挂伤	错误操作	人员伤害	3	0.5	7	10.5	1
99	选煤	清理输送带机头箅子	坠落、挂伤	安全间距不够	人员伤害	1	1	7	7	1
100	选煤	检修	带电作业	检修时未停电	人员伤害	3	0.5	7	10.5	1
101	选煤	检修	带电作业	错误操作	人员伤害	3	0.5	7	10.5	1
102	脱水	巡检	地面不平	注意力不集中	人员伤害	3	6	1	18	1
103	脱水	巡检	安全护栏不牢	站立位置不对	人员伤害	3	1	1	3	1
104	脱水	巡检	压力容器	设备巡检不细	财产损失	3	1	1	3	1
105	脱水	巡检	风管漏气	设备巡检不细	人员伤害	3	1	3	9	1
106	脱水	操作设备	设备超负荷运转	操作失误	人员伤害	3	1	7	21	2
107	脱水	操作设备	噪声大	没戴防护	人员伤害	1	3	7	21	2
108	脱水	处理设备卫生	设备上油脂打滑	站立不稳	人员伤害	3	1	3	9	1

表2-1（续）

序号	生产环节	作业活动	物的不安全状态	人的不安全行为	可能导致的事故	风险评估 L	风险评估 E	风险评估 C	风险评估 D	风险等级
109	煤泥水处理	操作设备	设备失灵	误操作	人员伤害	3	1	3	9	1
110	煤泥水处理	操作设备	设备失灵	手代替工具操作	人员伤害	3	1	3	9	1
111	煤泥水处理	操作设备	设备失灵	手伸进不安全范围	人员伤害	1	1	3	3	1
112	煤泥水处理	更换滤板	行车失修	注意力不集中	人员伤害	3	2	7	42	2
113	煤泥水处理	更换滤板	行车失修	在吊物下停留	人员伤害	3	1	7	21	2
114	煤泥水处理	巡检	安全护栏不牢	站立位置不对	人员伤害	3	1	3	9	1
115	煤泥水处理	巡检	通道窄、矮	注意力不集中	人员伤害	3	6	3	54	2
116	煤泥水处理	巡检	盖板不牢固	落脚不稳	人员伤害	3	1	3	9	1
117	煤泥水处理	清理积煤	安全距离不够	未戴安全帽	人员伤害	3	3	3	9	1
118	煤泥水处理	清理积煤	地面滑	注意力不集中	人员伤害	3	3	3	27	2
119	煤泥水处理	沉淀池巡检	盖板不平	落脚不稳	人员伤害	3	1	3	9	1
120	煤泥水处理	沉淀池巡检	从龙门吊车下走过	未戴安全帽	人员伤害	3	1	7	21	2

表2-1（续）

序号	生产环节	作业活动	物的不安全状态	人的不安全行为	可能导致的事故	风险评估 L	风险评估 E	风险评估 C	风险评估 D	风险等级
121	煤泥水处理	浓缩池巡检	地面滑	注意力不集中	人员伤害	3	1	7	21	2
122	煤泥水处理	设备检修	坠人浓缩池	注意力不集中	人员伤害	1	1	15	15	1
123	产品储存与装车	巡检设备	过往机车伤人	不走天桥	人员伤害	3	1	7	21	2
124	产品储存与装车	巡检设备	过往机车伤人	不注意观察过往机车	人员伤害	3	1	7	21	2
125	产品储存与装车	巡检设备	过往机车伤人	装车期间钻、爬机车	人员伤害	1	1	7	7	1
126	产品储存与装车	巡检设备	道面凹凸不平	注意力不集中	人员伤害	3	6	3	54	2
127	产品储存与装车	巡检设备	过往汽车伤人	未及时瞭望	人员伤害	3	1	3	9	1
128	产品储存与装车	人员看钩	作业时钩头拉崩	站在钩头前不注意钩头状况	人员伤害	1	1	7	7	1
129	产品储存与装车	人员看钩	牵引绳拉断	不注意钢丝绳状况	人员伤害	3	1	7	21	2
130	产品储存与装车	人员看钩	卸装绳套扎伤手	不戴牛皮手套	人员伤害	3	2	7	42	2

表2-1（续）

序号	生产环节	作业活动	物的不安全状态	人的不安全行为	可能导致的事故	风险评估 L	风险评估 E	风险评估 C	风险评估 D	风险等级
131	产品储存与装车	车皮清扫	有粉尘飞扬	未戴口罩	人员伤害	3	2	7	42	2
132	产品储存与装车	车皮清扫	处理车皮内坚固杂物	使用镐，镐时没观察周围人员	人员伤害	3	1	3	9	1
133	产品储存与装车	更换灯泡	高空坠落	未系保险带，站立位置不对	人员伤害	3	1	7	21	2
134	产品储存与装车	更换灯泡	高空坠落	注意力不集中	人员伤害	3	2	7	42	2
135	产品储存与装车	检车	机车挟窄	注意力不集中	人员伤害	3	2	7	42	2
136	产品储存与装车	处理蓬仓	爆破伤人	监护不力，安全距离不够	人员伤害	3	1	7	21	2
137	产品储存与装车	处理蓬仓	落煤压人	人工捅仓，措施不当	人员伤害	3	1	15	45	2
138	产品储存与装车	检修煤仓阀门	高空坠落	不系保险带、用无护栏梯子	人员伤害	3	3	15	135	3
139	产品储存与装车	仓下人员行走	照明不足	行走时注意力不集中	人员伤害	3	1	3	9	1

表 2-1（续）

序号	生产环节	作业活动	物的不安全状态	人的不安全行为	可能导致的事故	风险评估 L	风险评估 E	风险评估 C	风险评估 D	风险等级
140	产品储存与装车	仓下人员行走	地面有积水、积煤	未及时瞭望	人员伤害	3	3	3	27	2
141	产品储存与装车	仓下人员行走	地面凹凸不平	注意力不集中	人员伤害	3	6	3	54	2
142	产品储存与装车	仓下人员行走	放仓阀门关闭不严	未戴安全帽	人员伤害	3	1	3	9	1
143	产品储存与装车	仓下人员行走	来往机车碰人	注意力不集中	人员伤害	1	1	7	7	1
144	产品储存与装车	清理煤仓篦子	高空坠落	未戴保险带等防护用品	人员伤害	3	1	15	45	2
145	产品储存与装车	清理煤仓篦子	杂物落下伤人	注意力不集中	人员伤害	3	2	7	42	2
146	产品储存与装车	检修输送带减速机	带电作业	未按规定停电挂停电牌	人员伤害	3	1	7	21	2
147	产品储存与装车	检修输送带减速机	工具漏电伤人	未仔细检查工具	人员伤害	3	2	7	42	2
148	计量与煤质检查	（轨道衡）检衡	衡车伤人	站位不当，违章蛮干	人员伤害	1	1	7	7	1

表2-1（续）

序号	生产环节	作业活动	物的不安全状态	人的不安全行为	可能导致的事故	L	E	C	D	风险等级
149	计量与煤质检查	装车计量	衡器保养不当、失灵	操作人员注意力不集中	财产伤害	3	2	7	42	2
150	计量与煤质检查	检查（计量室）配电柜	漏电伤人	未戴绝缘手套	人员伤害	3	1	7	21	2
151	计量与煤质检查	检查（计量室）配电柜	带电作业	未按规定停电挂停电牌	人员伤害	3	1	7	21	2
152	计量与煤质检查	采样	煤尘散发	防护不当	人员伤害	6	3	3	54	2
153	计量与煤质检查	采样	地面滑	注意力不集中	人员伤害	3	6	3	54	2
154	计量与煤质检查	采样	运转输送带伤人	注意力不集中	人员伤害	3	3	7	63	2
155	计量与煤质检查	破碎煤样	煤尘散发	防护不当	尘肺	3	3	3	27	2
156	计量与煤质检查	破碎煤样	噪声超限	防护不当	影响健康	6	3	3	54	2
157	计量与煤质检查	烘烤煤样	烫伤	注意力不集中	人员伤害	3	3	3	27	2
158	计量与煤质检查	浮沉煤样	氯化锌溶液溅出伤人	操作不当	损害皮肤	3	1	7	21	2

表 2 - 1（续）

序号	生产环节	作业活动	物的不安全状态	人的不安全行为	可能导致的事故	风险评估 L	风险评估 E	风险评估 C	风险评估 D	风险等级
159	计量与煤质检查	浮沉煤样		防护不当	损害皮肤	3	1	7	21	2
160	计量与煤质检查	维护在线测灰仪、核子秤	有害放射源泄漏	防护不当	电磁辐射	3	1	7	21	2
161	机电设备修理	设备巡检	运转部件防护罩不牢	站立位置不对	人员伤害	3	1	7	21	2
162	机电设备修理	设备巡检	通道窄、矮	注意力不集中	人员伤害	3	6	3	54	2
163	机电设备修理	设备巡检	安全高度不够	未戴安全帽	人员伤害	3	6	3	54	2
164	机电设备修理	设备巡检	无安全标识	冒险进入危险场所	人员伤害	6	2	3	36	2
165	机电设备修理	设备巡检	无安全标识	跨越运转设备	人员伤害	3	1	7	21	2
166	机电设备修理	钳工维修	工件有锋利毛刺脱边	检查不仔细	人员伤害	3	2	1	6	1
167	机电设备修理	钳工维修	手锤、锉刀不合格	检查不仔细	人员伤害	3	2	1	6	1
168	机电设备修理	钳工维修	电动工具漏电	未做详细检查	人员伤害	1	2	7	14	1

表2-1（续）

序号	生产环节	作业活动	物的不安全状态	人的不安全行为	可能导致的事故	风险评估 L	风险评估 E	风险评估 C	风险评估 D	风险等级
169	机电设备修理	高空作业	坠落	未系安全带	人员伤害	3	1	7	21	2
170	机电设备修理	起吊重物	电动葫芦失修	未做详细检查	财产损失/人员伤害	3	2	7	42	2
171	机电设备修理	起吊重物	起吊重物的绳索坏	未做详细检查	财产损失/人员伤害	3	2	7	42	2
172	机电设备修理	起吊重物	钩头不符合安全要求	检查不仔细	财产损失/人员伤害	3	1	3	9	1
173	机电设备修理	起吊重物	起吊物下有行人	冒险走进危险场所	人员伤害	1	1	7	7	1
174	机电设备修理	起吊重物	安全标识不全	忽视安全	人员伤害	1	2	7	14	1
175	机电设备修理	检修起吊	手拉电动葫芦有故障	未做详细检查	财产损失/人员伤害	3	1	7	21	2
176	机电设备修理	检修起吊	起吊工具不合格	未做详细检查	财产损失/人员伤害	3	1	7	21	2
177	机电设备修理	检修起吊	起吊点不合适	检查不仔细	人员伤害	3	1	7	21	2

表2-1（续）

序号	生产环节	作业活动	物的不安全状态	人的不安全行为	可能导致的事故	风险评估 L	风险评估 E	风险评估 C	风险评估 D	风险等级
178	机电设备修理	检修起吊	起吊钢丝绳钩头坏	未做详细检查	人员伤害	3	2	7	42	2
179	机电设备修理	检修起吊	起吊方式不对	忽视安全	人员伤害	1	1	7	7	1
180	机电设备修理	检修起吊	空间狭窄，安全高度不够	有分散注意力行为	人员伤害	3	1	3	9	1
181	工业场地	现场巡检	路面湿滑	穿着不符合要求	人员伤害	3	6	1	18	1
182	工业场地	现场巡检	路面湿滑	负物过重	人员财产损害	3	3	3	27	2
183	工业场地	现场巡检	路面湿滑	行走过快	人员伤害	3	3	1	9	1
184	工业场地	现场巡检	路面凹凸不平	注意力不集中	人员伤害	3	6	1	18	1
185	工业场地	现场巡检	楼梯陡滑	负物过大、过重	人员/财产损害	3	3	1	9	1
186	工业场地	现场巡检	楼梯陡滑	所穿鞋/靴不符合要求	人员伤害	3	3	1	9	1
187	工业场地	现场巡检	楼梯陡滑	行走过快	人员伤害	3	3	1	9	1
188	工业场地	现场巡检	楼梯陡滑	不戴安全帽	人员伤害	3	2	1	6	1

表 2-1（续）

序号	生产环节	作业活动	物的不安全状态	人的不安全行为	可能导致的事故	风险评估 L	E	C	D	风险等级
189	工业场地	现场巡检	楼梯陡滑	注意力不集中	人员伤害	3	6	1	18	1
190	工业场地	过铁路、道口	撞伤	注意力不集中	人员伤害	3	6	7	126	3
191	工业场地	过铁路、道口	绊倒	注意力不集中	人员伤害	3	6	3	54	2
192	工业场地	过铁路、道口	高空落物砸伤	未戴安全帽	人员伤害	3	1	7	21	2
193	工业场地	过铁路、道口	高空落物砸伤	注意力不集中	人员伤害	3	2	7	42	2
194	工业场地	张贴宣传标语	地面凹凸不平	注意力不集中	人员伤害	3	6	1	18	1
195	工业场地	微机操作	电磁辐射	防护不当	影响健康	3	2	7	42	2
196	工业场地	领、卸料	物料堆放不安全	取、卸料速度过快	人员伤害	3	1	3	9	1
197	工业场地	领、卸料	地面滑	忽视警告标志，注意力不集中	人员伤害	3	6	1	18	1
198	工业场地	物料存放	储存方式不安全	易燃易爆物品错误码放	火灾	1	2	15	30	2
199	工业场地	物料存放	储存方式不安全	物料存放不整齐	人员伤害	3	6	7	126	3

表 2-1（续）

序号	生产环节	作业活动	物的不安全状态	人的不安全行为	可能导致的事故	风险评估 L	风险评估 E	风险评估 C	风险评估 D	风险等级
200	工业场地	物料运输	行驶车辆撞人	忽视警告信号	人员伤害	3	2	7	42	2
201	工业场地	物料运输	行驶车辆撞人	注意力不集中	人员伤害	3	6	7	126	3
202	工业场地	专业检查	无护栏或护栏损坏	注意力不集中	人员伤害	3	6	3	54	2
203	工业场地	专业检查	电器装置带电部分裸露	注意力不集中	触电	3	6	3	54	2
204	工业场地	专业检查	地面滑	注意力不集中	人员伤害	3	6	1	18	1
205	工业场地	专业检查	地面滑	行走过快	人员伤害	3	6	1	18	1
206	工业场地	调度维修	无安全保险装置	未开锁紧，造成意外转动	人员伤害	1	1	7	7	1
207	工业场地	调度维修	无安全保险装置	错误操作按钮、阀门、把柄	人员伤害财产损失	3	1	7	21	2
208	工业场地	调度维修	无安全标志	注意力不集中	人员伤害	3	6	3	54	2
209	工业场地	调度维修	无安全标志	攀、坐不安全装置	人员伤害	1	1	3	3	1

第二章 煤炭洗选企业安全生产标准化管理体系基础研究

表2-1（续）

序号	生产环节	作业活动	物的不安全状态	人的不安全行为	可能导致的事故	风险评估 L	风险评估 E	风险评估 C	风险评估 D	风险等级
210	工业场地	调度维修	无护栏或护栏损坏	忽视警告标志	人员伤害	3	1	1	3	1
211	工业场地	调度维修	无护栏或护栏损坏	站立位置不合适	人员伤害	3	1	1	3	1
212	工业场地	调度维修	无护栏或护栏损坏	攀坐不安全装置	人员伤害	1	1	1	1	1
213	工业场地	调度维修	无护栏或护栏损坏	注意力不集中	人员伤害	3	6	1	18	1
214	工业场地	调度维修	安全装置失效	工具绝缘不良	人员伤害	1	2	3	6	1
215	工业场地	调度维修	安全装置失效	未戴防护手套	人员伤害	3	1	3	9	1
216	工业场地	调度维修	地面不平	注意力不集中	人员伤害	3	6	1	18	1
217	工业场地	调度维修	照明光线不良	注意力不集中	人员伤害	3	6	1	18	1
218	工业场地	调度维修	周围煤尘多，视线不清	注意力不集中	人员伤害	3	6	1	18	1

表2-1（续）

序号	生产环节	作业活动	物的不安全状态	人的不安全行为	可能导致的事故	L	E	C	D	风险等级
219	工业场地	调度维修	作业场所狭窄，碰伤	忽视安全警告	人员伤害	1	2	1	2	1
220	工业场地	调度维修	作业场所狭窄，碰伤	注意力不集中	人员伤害	3	6	1	18	1
221	工业场地	调度维修	地面滑	注意力不集中	人员伤害	3	6	1	18	1
222	工业场地	调度维修	登高坠落	注意力不集中	人员伤害	3	6	7	126	3
223	工业场地	调度维修	登高坠落	监护失误	人员伤害	3	1	7	21	2
224	工业场地	调度维修	登高坠落	未佩戴安全带	人员伤害	3	1	7	21	2
225	工业场地	调度维修	计算机屏幕电磁辐射	不注意休息	视力下降、精力不充沛、颈椎病等	3	6	1	18	1
226	工业场地	调度维修	打印机噪声	操作不当	耳鸣、心烦意乱、情绪低落等	3	1	1	3	1
227	工业场地	调度维修	打扫卫生窗台无护栏	精力不集中	人员伤亡	3	6	7	126	3

表2-1（续）

序号	生产环节	作业活动	物的不安全状态	人的不安全行为	可能导致的事故	L	E	C	D	风险等级
228	工业场地	调度维修	登高踩持物不牢固	精力不集中	摔伤	3	6	7	126	3
229	工业场地	调度维修	用电线路老化、开关年久失修	操作不当	人员伤亡、火灾	3	1	7	21	2
230	地面运输	开卡车回煤	机动车行驶	酒后作业	人员伤害	1	1	7	7	1
231	地面运输	开卡车回煤	机动车行驶	未及时瞭望	人员伤害	3	1	7	21	2
232	地面运输	开卡车回煤	机动车行驶	车速超限	人员伤害	3	2	7	42	2
233	地面运输	汽车运输	汽车撞墙、撞人	注意力不集中	人员伤害	3	6	7	126	3
234	地面运输	汽车运输	工具碰到运转部件	安全距离不够	人员伤害	3	1	3	9	1
235	电气	配电室检查维修	短路、触电	未穿绝缘防护	人员伤害	1	1	15	15	1
236	电气	配电室检查维修	带电作业	未按规定停电	人员伤害	1	1	15	15	1

表 2-1（续）

序号	生产环节	作业活动	物的不安全状态	人的不安全行为	可能导致的事故	风险评估 L	风险评估 E	风险评估 C	风险评估 D	风险等级
237	电气	配电室检查维修	送电打火	检查不到位	财产/人员损失	3	1	7	21	2
238	电气	电维修	试电笔、钳子不合格	未作详细检查	人员伤害	3	2	1	6	1
239	电气	电维修	防护用品不符合安全要求	检查不仔细	人员伤害	3	2	1	6	1
240	电气	电维修	安全闭锁、连锁机构不全	误操作	人员烧伤触电/财产损失	1	1	3	3	1
241	电气	设备维修时气割	氧气与块瓶离得太近	检查不仔细	人员伤害/财产损失	3	1	3	9	1
242	电气	设备维修时气割	氧气瓶或块瓶漏气	检查不仔细	人员伤害	3	1	3	9	1
243	电气	设备维修时气割	气、割焊靠近行走过道	未做检查处理	人员伤害	1	1	3	3	1

表2-1（续）

序号	生产环节	作业活动	物的不安全状态	人的不安全行为	可能导致的事故	L	E	C	D	风险等级
244	电气	设备维修时电焊	电气装置带电部分裸露	检查不仔细	人员伤害	3	2	7	42	2
245	电气	设备维修时电焊	电气装置带电部分裸露	防护用品不全	人员伤害	3	1	7	21	2
246	电气	装车设备电焊	电气装置带电部分裸露	检查不仔细	人员伤害	3	2	7	42	2
247	电气	装车设备电焊	火星溅伤	未戴防护镜或面罩	人员伤害	3	2	7	42	2
248	电气	装车设备电焊	所用工具绝缘不良	检查不仔细	人员伤害	3	6	3	54	2
249	电气	装车设备气割	氧气、乙炔瓶安全距离不够	不按规程施工	人员伤害财产损害	1	2	7	14	1
250	电气	装车设备气割	乙炔漏气	检查不仔细	人员伤害	3	1	3	9	1

表 2-1（续）

序号	生产环节	作业活动	物的不安全状态	人的不安全行为	可能导致的事故	风险评估 L	风险评估 E	风险评估 C	风险评估 D	风险等级
251	电气	装车设备气割	气割残渣崩伤人	未戴防护手套、面罩	人员伤害	3	2	7	42	2
252	电气	装车设备气割	气割残渣靠近易燃物品	未检查周围环境	人员伤害/财产损害	3	1	7	21	2
253	电气	选煤系统电（气）焊	烧伤、失火	未戴防护镜或面罩	人员伤害	3	1	7	21	2
254	电气	选煤系统电（气）焊	烧伤、失火	注意力不集中	人员伤害	3	1	7	21	2
255	电气	高压配电停送电	短路、失火	带负荷送电	人员财产损失	1	1	15	15	1
256	电气	高压配电停送电	短路、失火	注意力不集中	人员伤害/财产损失	3	1	15	45	2

表 2-1（续）

序号	生产环节	作业活动	物的不安全状态	人的不安全行为	可能导致的事故	风险评估 L	风险评估 E	风险评估 C	风险评估 D	风险等级
257	电气	低压配电停送电	伤人损物	错误操作	人员财产损失	3	1	7	21	2
258	电气	低压配电停送电	伤人损物	注意力不集中	人员财产损失	3	3	7	63	2
259	给水与排水	巡检	楼梯有水、地面有油脂、打滑	行走过快	人员伤害	3	6	1	18	1
260	给水与排水	巡检	对轮护罩不牢	站立位置不对	人员伤害	3	1	1	3	1
261	给水与排水	开停水泵	设备绝缘不良	误操作	人员伤害	3	1	3	9	1
262	给水与排水	处理卫生	电器装置有带电部分裸露	用水冲洗带电设备	人员、财产损害	1	1	3	3	1
263	给水与排水	处理卫生	地面湿	注意力不集中	人员伤害	3	6	3	54	2

＊注：1——低风险；2——一般风险；3——中等风险。

危险源主要分为显著危险源（10 项）、一般危险源（111 项）、稍有危险源（142 项）。对煤炭洗选生产作业危险源分析可知：煤炭洗选生产作业危险源主要为稍有危险源和一般危险源，占所有危险源的 96.2%。按照危险源多少，各环节排序为：选煤＞工业场地＞产品储存与装车＞电气＞机电设备维修＞受煤与原煤储存＞煤泥水处理＞筛分、除杂与破碎＞计量与煤质检查＞脱水＞地面运输＞给水与排水。其中，工业场地、选煤、产品储存与装车、地面运输存在显著危险源。产品储存与装车、计量与煤质检查、机电设备修理、电气的一般风险明显高于稍有风险。选煤、工业场地、受煤与原煤储存、脱水、给水与排水、地面运输的稍有风险远高于一般风险。煤泥水处理的一般风险与稍有风险相差无几。筛分、除杂与破碎仅存在稍有风险。

（2）煤炭洗选生产作业显著风险主要存在于产品储存与装车中检修煤仓阀门下产品高空坠落、地面运输汽运撞人/墙、工业场地的过铁路道口撞伤、物料存放/运输不当、调度维修中的高空坠落、选煤系统嘈杂噪声危害和捞坑机尾空间狭窄等方面。而主要风险因素为人为注意力不集中和管理不善。

（3）煤炭洗选生产作业一般风险主要存在于选煤、产品储装与装车、工业场地、电气、机电设备维修、计量与煤质检查 6 个环节。选煤的风险主要在于由于违规操作、注意力不集中等造成的输送带/设备伤人、高空（物）坠落；产品储存与装车的风险主要在于违规操作、操作失误、检修不及时、管理不善、注意力不集中等造成的高空（物）坠落、设备伤人；工业场地的风险主要存在于注意力不集中、检修不及时等造成的交通事故、高空坠落；电气的风险主要存在于操作不当、检查不及时/不到位等造成的带电作业、电（气）焊伤人伤物；机电设备维修的风险主要在于设备（工具）不合格/检查不到位、违规操作等造成的人员伤害或财产损失；计量与煤质检查的风险主要在于设备维护不及时、操作不当造成的化学药剂/放射性危害和防护不到位造成的粉尘危害。综上，煤炭洗选生产作业一般风险的主要风险因素为违规操作、设备管理不善、人为注意力不集中。

（4）煤炭洗选生产作业稍有风险主要在于选煤工作环境复杂（空间限制）、清理检查不到位、检修不及时造成的设备伤人、摔伤、高空（物）坠落；工业场地管理不善、清扫/检修不及时、防护不到位造成的人员伤害；筛分、除杂与破碎违规操作/操作不当、防护不当造成的输送带伤人、粉尘、噪声危害；受煤与原煤储存操作不当、巡检不仔细、清扫不及时造成的人员伤害和财产损失。综上，煤炭洗选生产作业稍有风险的主要风险因素为环境复杂、操作不当、管理不善、防护不当。

煤炭洗选生产作业风险因素人、机、环、管都存在。但是，通过提升装备科技创新水平、提升人员素质、营造健康有序良好的工作环境、强化高效管理，可以将煤炭洗选生产作业风险有效降低，直至达到"零风险"。

三、煤炭洗选企业安全风险分级管控

鉴于煤炭洗选生产作业风险等级多为中等风险、一般风险和低风险，不存在重大风险及以上风险。项目组认为，煤炭洗选企业生产作业风险特征如下。

（1）人的不安全行为是主要风险因素。人的不安全行为包括专业素质不高、责任心不强、注意力不集中、操作不规范、工作态度问题等。人的不安全行为会导致在工作过程中，出现较多的失误，进而导致工作的最终结果受到影响，出现风险，形成隐

患，甚至发生事故。

（2）设备的不良状态导致作业风险。煤炭洗选生产具有机械设备密集型特征。洗选设备装备往往是煤炭洗选过程中生产隐患的重要方面。由于煤炭洗选专业性强，同时随着煤炭洗选设备装备水平的不断提升，对工作人员专业技术水平要求快速提高，而相应的培训、检修、管理等配套不足，是当前设备呈现不良状态的重要原因。

（3）作业环境复杂，要求高。煤炭洗选生产专业化程度高、工艺流程复杂、设备装备多、自动化水平快速提高等特点决定煤炭洗选生产作业环境复杂，存在高空作业、狭小空间作业、工业厂区交通复杂、易燃易爆较多等环境。工作环境复杂，对工作人员要求高是煤炭洗选企业生产作业风险高的重要因素之一。

（4）安全意识不强，管理不够精细。相对于煤炭开采，煤炭洗选企业的安全管理明显不够精细。主要表现：未形成一套安全有效的管理体系；安全生产管理的执行力较差；安全管理机制和方法有待创新；安全管理手段不完善。安全管理不够精细是煤炭洗选企业生产风险高的又一重要因素。

鉴于上述分析，煤炭洗选企业生产风险分级管控应从以下几方面着手。

（1）建立一套行之有效的本质安全管理体系。充分运用PDCA循环，通过危险源辨识、风险评估、分级管控，建立一个"人、机、环、管"闭环管理并不断完善，贯穿集团、厂矿、车间段队、班组多个层级的管理体系，实现层层查隐患、层层抓整改、层层抓落实，实现全员、全方位、全过程的有效管理。

（2）建立"三维立体"安全管理模式控制人的不安全行为。所谓"三维立体"安全管理模式包括四个方面内容。第一，细化工作内容，针对不同层级、工作类别，进行工作内容的细化和责任划分。第二，分析各作业环节中可能存在的变化因素及应对措施，如生产班组遇天气变化、煤质变化、设备故障等变化因素，机修班遇到天气变化、地理环境变化等因素。第三，完善考核机制，建立班组对员工、车间对班组、厂矿对车间、集团对厂矿的考核机制，同时纳入外在环境因素变化，依据实际情况，赏罚分明。第四，做好班前会管控，做到班前会制度化、流程化、规范化。班前会对工作人员情况进行观察、开展针对性培训，确保工作状态良好；梳理作业任务，分风险级别强化作业工序；强化领导参与班前会、成果的客观总结和安全问题的集中反馈。

（3）作业流程化+自动化（智能化），尽可能确保设备良好状态运行。首先，建立岗位标准体系，指导煤炭洗选生产作业层面的标准操作。以各类规程、规范、标准为依据，科学划分作业步骤，统一作业内容，明确作业标准、标识安全提示等内容的作业指导文件，为作业人员提供标准依据，同时为管理人员的检查监管提供理论参考和实际指导。其次，充分运用大数据、智能化等先进工具，根据作业现场实际，建设信息化设备，对作业现场进行实时跟踪监测。通过信息化、智能化系统的开发与利用，不断提高生产、经营、效益、决策水平。再次，强化对工作人员的培训。依据工作需要，按照《选煤厂安全规程》的要求，对职工进行专业培训，确保上岗人员专业水平与工作岗位相适应，尽可能减少操作失误和不当。

（4）营造和谐温馨的工作环境。首先，在选煤企业规划和设计阶段，尽可能考虑工作人员工作的舒适程度。其次，强化文化综合管控。通过制定自保、联保、互保的安全管控制度，强化作业人员之间的安全警惕性,创建"安全模范家庭"评选活动,搭建"家庭安全协管平台",企业安全文化征文等一系列文化活动,营造浓厚的安全管控氛围。再次,强化煤炭洗选企业环境,包括路面清洁、绿化、布局合理、物品堆放整齐有序、管理规范等。

四、煤炭洗选企业安全生产事故隐患排查与治理

根据《安全生产事故隐患排查治理暂行规定》,安全生产事故隐患是指生产经营单位违反安全生产法律、法规、规章、标准、规程和安全生产管理制度的规定,或者因其他因素在生产经营活动中存在可能导致事故发生的物的不安全状态、人的不安全行为和管理上的缺陷。据调研,事故隐患分为重大隐患和一般隐患。重大隐患主要包括《煤矿重大生产安全事故隐患判定标准》所列15个方面、65种情形的重大事故隐患。一般隐患分为A、B、C 3个等级。A级隐患为危害和治理难度较大,必须停产停工治理,且企业自身难以解决、需要帮助或协调解决的事故隐患。B级隐患为危害较小,有一定难度,由各职能科室协调督办、安监相关科室监督,班组负责治理的隐患。C级隐患为危害较小,由各基层单位区队,班组当班带班干部监督,当班可以在当场立即进行治理处理,由班组负责治理的隐患。

鉴于上述研究,项目组认为,煤炭洗选企业安全生产事故隐患主要来自于人的不安全行为,设备的不良状态和管理缺陷。事故隐患治理就是针对各隐患提出详细的治理改进措施,确保煤炭洗选企业生产过程中,工作人员、设备装备、管理体系处于良好状态并有效运行。经统计汇总,煤炭洗选企业安全生产事故隐患排查与治理措施,见表2-2。

表2-2 煤炭洗选企业安全生产事故隐患排查与治理措施表

序号	隐患类型	隐患名称	隐患等级	治理措施
1	人的不安全行为	违规操作	一般隐患，C	1. 强化专业化培训，提升专业水平； 2. 编制专业化手册； 3. 岗位责任制度上墙； 4. 强化班前会，健全并有效推行互相监督机制； 5. 积极引进高素质人才，注重本单位人才培养和专业技术水平提升
2		操作不当	一般隐患，C	1. 强化专业培训、岗前培训； 2. 建立"以老带新"制度； 3. 强化班前会
3		防护不当	一般隐患，C	1. 强化防护知识培训； 2. 强化个人防护意识； 3. 防护装备、护具配备齐全； 4. 强化班组建设，营造团结互助的文化氛围
4		注意力不集中	一般隐患，C	1. 合理分配工作休息时间，养成良好作息习惯； 2. 强化班组建设，营造团结互助文化氛围； 3. 做好工会工作，提升职工主人翁意识，增强职工责任感、获得感和幸福感

表 2-2（续）

序号	隐患类型	隐患名称	隐患等级	治理措施
5	设备的不良行为	设备故障	一般隐患，A	1. 制定应急预案，提前防范； 2. 建立"建一备一"的方式； 3. 强化组织协调，尽快解决问题； 4. 提升设备装备自动化、信息化、智能化水平
			一般隐患，B	1. 制定应急预案，提前防范； 2. 强化组织协调； 3. 提升设备装备自动化、信息化、智能化水平
6		设备维护不到位	一般隐患，B	1. 严格按照设备说明书与操作规程，合理使用设备； 2. 定期维护设备； 3. 若出现设备运行不良情况，及时进行维护维修
7		巡检不到位	一般隐患，C	1. 严格按照巡检工作要求，全面细致完成巡检； 2. 建立台账制度，并留有记录
8		护栏/护罩损坏/不牢	一般隐患，B	1. 及时更换损坏护栏/护罩； 2. 及时修复、紧固护栏/护罩
9		安全装备不到位	一般隐患，B	1. 定期检查安全装备情况； 2. 做好安全装备的使用、维护、检查，并做好台账

表 2-2（续）

序号	隐患类型	隐患名称	隐患等级	治理措施
10	管理不善	安全生产制度不完善	一般隐患，B	1. 建立健全安全生产相关制度，包括安全生产标准化管理体系及制度文件、责任制度、双重预防制度等； 2. 强化安全生产制度的执行与落实：责任层层分解、层层落实； 3. 强化监督监管，充分运用信息化手段，建立安全生产管理信息系统，实现安全预警、重点监控、风险预警、在线巡查、风险地图的功能，实现隐患的闭环管理
11	管理不善	权责不明确	一般隐患，B	建立多级管控体系，分主要负责人级、总工级、专业部室、区队级、班组级、岗位级六级，明确安全生产、风险管控、隐患排查治理等方面的职责与分工，实现横向到边、纵向到底，全员参与的安全生产体系
12		执行不到位	一般隐患，B	1. 培养职工责任意识，强化职工责任感； 2. 通过建立合理的奖惩制度，推进安全生产制度的层层落实和高效高质量执行； 3. 营造积极正向、奋发向上的企业文化氛围
13		生产管理不善	一般隐患，C	1. 引进、培养高素质人才； 2. 不断提升职工专业素养

第三章

煤炭洗选企业安全生产标准化管理体系总　　则

一、指导思想

深入贯彻习近平总书记关于安全生产重要论述精神，严格落实国家能源集团安全生产标准化建设相关部署，按照"标准到位，责任到位，执行到位，考核到位"的要求，建立健全安全生产标准化管理体系，开展安全生产标准化达标，持续改进安全生产标准化工作机制，使选煤厂各生产环节符合有关安全生产法律法规和标准规范的要求，安全生产基础得到全面夯实，安全生产管理水平进一步提升，加快推进选煤厂安全生产治理体系和治理能力现代化，为实现集团公司"一个目标、三型五化、七个一流"企业总体发展战略提供强有力的安全保障。

二、适用范围

本体系可作为煤炭洗选企业（包括筛选厂）安全生产标准化管理体系建设、考核、评价，储配煤企业、集运站等可参照执行。

三、基本原则

贯彻"安全第一、预防为主、综合治理"的安全生产方针，运用先进的技术方法、完善标准化考核体系，推进安全生产标准化建设，强化安全基础管理，保障从业人员安全健康，实现煤炭洗选企业安全高效生产。应坚持以下原则。

——依法合规。遵守国家法律法规、标准规范、证照齐全。

——系统科学。应系统考虑煤炭洗选企业基础管理、生产、运输、销售等环节，对于矿井型选煤厂的安全生产标准化管理体系应与所属煤矿的安全生产标准化管理体系相一致；应科学规划、设计、执行、评价、改进。

——双重预控。应对生产区域、设施设备和工作任务等进行风险分级管控和隐患排查治理，建立安全工作程序和管控标准，实现安全生产风险可控、在控，减少事故隐患产生。

——过程管理。应建立并落实管理制度、强化现场管理，定期开展安全生产检查和管理行为、操作行为纠偏，实施安全生产各环节的过程控制。强化现场作业人员的安全意识，落实岗位全员生产责任制，实现岗位作业流程标准化。

——质量控制。应制定产品质量标准和要求，按照设计、生产等组织设计、作业规程及安全技术措施，有相应的质量保证措施，定期进行产品质量检查验收。

——持续改进。应根据安全生产实际效果，强化目标导向、问题导向和结果导向，调整完善安全生产标准化管理体系和运行机制，推动安全管理水平持续提升。

四、基本条件

（1）依法经营，证照齐全有效。

（2）参与安全生产标准化考核评分的煤炭洗选企业不存在下列情况：

——安全生产标准化管理体系检查考核不达标，自考核定级检查之日起未满1年的；

——被列入安全生产"黑名单"或在安全生产联合惩戒期内的。

五、基本要求

煤炭洗选企业安全生产标准化管理体系包括理念目标和安全承诺、组织机构、全员安全生产责任制及安全管理制度、从业人员素质、安全风险分级管控、事故隐患排查治理、现场管控、持续改进8个要素。

1. 理念目标和安全承诺

（1）煤炭洗选企业应树立安全生产基本思想，设定安全生产目标，做出安全承诺。

（2）理念和目标应体现煤炭洗选企业安全生产的原则和方向，引领和指导安全生产工作。

（3）安全承诺主要涵盖安全生产、安全投入、保障职工权益等方面，由企业主要责任人做出承诺，职工实施监督。

2. 组织机构

（1）煤炭洗选企业应成立安全生产管理机构，并配套设置安全生产管理部门、技术管理部门、安全技术工作人员。

（2）煤炭洗选企业主要责任人、安全生产管理机构、安生产管理人员应按照《安全生产法》履行相应的安全生产职责。

（3）煤炭洗选企业应按照《企业标准体系 基础保障》（GB/T 15498）的要求，建立安全和职业健康管理标准体系。

3. 全员安全生产责任制及安全管理制度

（1）煤炭洗选企业应具备《安全生产法》规定的安全生产条件，建立健全全员安全生产责任制、全员安全生产责任制监督考核制度、风险分级管控和隐患排查治理双重预防机制、安全生产资金投入制度、安全风险分级管控制度、安全事故隐患排查治理制度、安全管理/报告/培训/考核制度、危险物品管理及处理处置制度、落后工艺/设备淘汰制度、施工项目安全管理制度、安全生产责任保险制度、消防管理制度等，确保企业安全生产及从业人员生命和财产安全。

（2）应根据企业安全生产实际情况，及时识别和获取适用的法律法规、标准规范，并通过培训、公开宣讲等手段传达给相关各级管理部门、生产部门和从业人员，结合法定要求及时修订和完善，审批手续齐全完备，贯彻、考核和签字记录齐全。

（3）应严格执行《选煤厂安全规程》、作业规程、操作规程。做到生产布局合理，加强生产管理、各生产环节的过程控制。定期开展安全生产标准化达标自评、自检，并记录齐全。

4. 从业人员素质

（1）应严格准入、规范用工，开展安全培训，提高从业人员素质和技能。

（2）建立完善全员安全培训制度，明确教育培训机制，制定培训计划，保证资金投入，评估培训效果。

（3）应确保各类人员持证上岗，具备与岗位工作相适应的安全生产知识和技能。

（4）应建立并运行岗位标准体系，控制人的不安全行为。

5. 安全风险分级管控

（1）应做好风险防控工作，采取信息化手段对风险分级、分类建立档案，有限管控，闭环管理。

（2）应建立安全风险分级管控制度，完备安全风险管控辨识程序、评估方法，辨识评估生产过程中发生不同等级事故、伤害的可能性，预先采取规避、消除或控制安全风险措施，避免形成隐患，导致事故。

（3）应建立安全风险告知警示制度和考核奖惩制度。

6. 事故隐患排查治理

（1）煤炭洗选企业主要负责人对本单位事故隐患排查、治理和防控工作全面负责。

（2）应建立事故隐患排查治理长效机制（包括事故隐患排查实时检查、班组检查、日常排查制度、治理档案台账制度、监控和应急管理制度、挂牌制度、限期整改销号制度、专项资金使用制度、岗位责任制度、统计分析制度、公告公示制度、定期报告和举报奖励等制度），加强事故隐患监督管理。

（3）应对安全生产过程中安全风险管理措施和人的不安全行为、物的不安全状态、环境的不安全条件和管理的缺陷进行检查、登记、治理、验收、销号。

（4）应定期组织事故隐患排查，加强自然灾害的预防，严格落实有关部门下达的责令整改指令。

（5）应做好事故隐患排查治理工作的自查、监督。

（6）对于危险化学品、重大危险源监督管理应按照《危险化学品重大危险源监督管理暂行规定》执行。

（7）对于高危作业应实施作业许可、监护管理，并安排专人进行现场监督管理。

（8）应建立预防机制及应急反应机制，减少突发性变化，并采取相应措施。

7. 现场管控

（1）应制定生产调度、应急管理、职业病危害防治和地面设施等管理制度。

（2）应确保作业场所、全流程管理符合《选煤厂安全规程》规定。

（3）应制定标准化制度，建立健全相关设备设施综合管理制度，执行安全生产设施与建设项目主体工程同时设计、同时施工、同时投入生产和使用。

（4）建立健全产品标准体系，确保商品煤、副产品等质量满足下游用户需求。

8. 持续改进

（1）应建立管理体系的评估制度（包括自查自评和第三方评估）、整改制度。

（2）应对评估结果进行总结分析，查找问题和隐患产生的原因，提出整改意见。

（3）应强化整改措施的督促落实与检查，形成闭环管理。

六、考核内容

煤炭洗选企业安全生产标准化管理体系的考核内容包括以下几个部分。

1. 理念目标与主要负责人安全承诺

考核内容执行本书第四章"煤炭洗选企业安全生产标准化

管理体系　理念目标与主要负责人安全承诺"的规定。

2. 组织机构

考核内容执行本书第五章"煤炭洗选企业安全生产标准化管理体系　组织机构"的规定。

3. 全员安全生产责任制及安全管理制度

考核内容执行本书第六章"煤炭洗选企业安全生产标准化管理体系　全员安全生产责任制及安全管理制度"的规定。

4. 从业人员素质

考核内容执行本书第七章"煤炭洗选企业安全生产标准化管理体系　从业人员素质"的规定。

5. 安全风险分级管控

考核内容执行本书第八章"煤炭洗选企业安全生产标准化管理体系　安全风险分级管控"的规定。

6. 事故隐患排查治理

考核内容执行本书第九章"煤炭洗选企业安全生产标准化管理体系　事故隐患排查治理"的规定。

7. 现场管控

考核内容执行本书第十章"煤炭洗选企业安全生产标准化管理体系　现场管控"的规定。

8. 持续改进

考核内容执行本书第十一章"煤炭洗选企业安全生产标准化管理体系　持续改进"的规定。

七、评价方法

（1）煤炭洗选企业安全生产标准化管理体系考核满分为100分，采用各部分得分乘以权重的方式计算。各部分的权重见表

3-1。

表 3-1 煤炭洗选企业安全生产标准化管理体系权重表

序号	管理要素	标准分值	权重 a_i
一	理念目标和主要负责人安全承诺	100	0.1
二	组织机构	100	0.1
三	全员安全生产责任制及安全管理制度	100	0.1
四	从业人员素质	100	0.1
五	安全风险分级管控	100	0.15
六	事故隐患排查治理	100	0.15
七	现场管控	100	0.2
八	持续改进	100	0.1

（2）在不存在重大事故隐患的前提下，煤炭洗选企业安全生产标准化体系四级指标评分值为专家现场评分值，二、三级指标值为其下辖三、四级指标之和。

（3）各部分考核得分乘以该部分权重之和即为煤炭洗选企业安全生产标准化管理体系考核得分，采用式（3-1）计算：

$$M = \sum_{i=1}^{8}(a_i \times M_i) \quad (3-1)$$

式中 M——煤炭洗选企业安全生产标准化管理体系考核得分；

M_i——理念目标和主要负责人安全承诺、组织机构、全员安全生产责任制及安全管理制度、从业人员素质、安全风险分级管控、事故隐患排查治理、现场管控、持续改进等 8 项的安全生产标准化考核得分；

a_i——理念目标和主要负责人安全承诺、组织机构、安全生产责任制及安全管理制度、从业人员素质、安全风险分级管控、事故隐患排查治理、现场管控、持续改进 8 项权重值。

八、考核定级办法

煤炭洗选企业安全生产标准化管理体系等级分为一级、二级、达标、不达标 4 个等级：

一级，安全生产标准化管理体系考核加权得分及各部分得分为 90~100 分（含 90 分）；

二级，安全生产标准化管理体系考核加权得分及各部分得分为 80~90 分（含 80 分）；

达标，安全生产标准化管理体系考核加权得分及各部分得分为 70~80 分（含 70 分）；

不达标，安全生产标准化管理体系考核加权得分或各部分得分低于 70 分。

第四章

煤炭洗选企业安全生产标准化管理体系理念目标与主要负责人安全承诺

一、工作要求

（1）应制定煤炭洗选企业安全生产理念和目标，并向全体职工公示，形成安全生产共同愿景。

（2）应遵循以人为本、生命至上的原则，体现自动化、信息化、智能化发展趋势，体现职工获得感、幸福感、安全感需求和主人翁地位、体面劳动、尊严生活的要求，树立安全生产理念。

（3）应加强安全生产理念宣贯、认同、执行，将安全生产理念贯穿于决策、管理、执行全过程。

（4）应制定可考核的安全生产目标，完善安全生产目标管理制度。

（5）安全生产目标的提出应结合生产与管理实际，同时对隐患、违章、事故的指标和安全风险管控的成果指标进行量化。

（6）应将安全生产目标进行分解，形成各层级目标及工作任务，同时实施目标考核。

（7）应将安全生产目标纳入年度生产经营考核指标。

（8）应建立安全承诺制度。煤炭洗选企业主要负责人应定期对全体职工做出安全承诺，保障安全生产条件，维护职工权益与福利。

（9）主要负责人安全承诺应包含但不限于：

——保证落实安全生产主体责任；

——保证建立健全安全生产管理体系；

——保证安全费用提足用好；

——保证本人和班子成员不违章指挥；

——保证严格管控安全风险；

——保证如实报告重大安全风险；

——保证技术消除事故隐患；

——保证安全培训到位；

——保证职工福利待遇；

——保证职工合法权益；

——保证不迟报、漏报、谎报和瞒报事故。

（10）主要负责人安全承诺应在显著位置进行公示，接受职工监督，并应在职工代表大会上公开安全承诺兑现情况，经职工代表大会评议后，将结果纳入主要负责人绩效管理。

二、评分办法

煤炭洗选企业理念目标和主要负责人安全承诺标准化评分，通过查阅资料、现场和咨询等方式，给出相应得分。理念目标和主要负责人安全承诺总分为100分，分3项来具体考核。

（一）安全生产理念

本项总分为20分，共分3个分项：理念内容，4分；理念贯彻，6分；理念落实，10分。

1. 理念内容

1）基本内容

牢固树立安全生产红线意识，贯彻"安全第一、预防为主、综合治理"的安全生产方针，坚持以人为本、生命至上的原则，体现自动化、信息化、智能化发展趋势，体现职工获得感、幸福感、安全感的需求和主人翁地位、体面劳动、尊严生活的要求。

2）评分方法

查资料。理念内容1项未体现扣1分。

2. 理念贯彻

1）基本内容

（1）对安全生产理念的建立、公示、宣贯和修订做出具体规定并落实。该分项占分2分。

（2）管理人员和职工理解、认同并执行本单位安全生产理念。该分项占分4分。

2）评分方法

（1）在安全生产理念的建立、公示、宣贯和修订做出具体规定并落实方面，通过查资料来获取得分依据。无规定不得分；规定内容缺1项扣1分；1项未落实扣1分。

（2）在管理人员和职工理解、认同并执行本单位安全生产理念方面，通过查现场来获取得分依据。操作中，随机抽考企业领导、管理技术人员4人，1人未掌握扣1分。

3. 理念落实

1）基本内容

随机抽考企业领导、管理技术人员4人，1人未掌握扣1分。

2）评分方法

查现场和资料。抽查企业领导、部门管理人员，至少列举2条体现安全理念的具体工作，缺1条扣5分；现场检查，发现1项不符合安全理念的问题扣2分。

（二）安全生产目标

本项总分为30分，共分4个分项：制度，6分；目标内容，9分；目标措施及执行，5分；目标考核，10分。

1. 制度

1）基本内容

建立安全生产目标管理制度，对安全目标和任务及措施的制定、责任分解、考核等工作作出规定。

2）评分方法

查资料。未建立制度不得分；制度内容不全缺1项扣2分。

2. 目标内容

1）基本内容

（1）年度安全生产目标应符合本单位安全生产实际，将安全生产目标纳入企业的总体生产经营考核指标。该项占分5分。

（2）目标应可考核，内容应包含事故防范、灾害治理、风险管控、隐患治理等方面要求。该项占分4分。

2）评分方法

查资料。

查企业当年及上一年资料。总体生产经营目标超设计（核定）生产能力的，"安全生产目标"大项不得分；未纳入总体生产经营考核指标该项不得分；目标未体现保持或提升扣3分。

安全生产目标内容缺项或不可考核，1项扣1分。

3. 目标措施及执行

1）基本内容

分解、制定完成目标的工作任务和措施，明确分层级、专业或科室，以及每项任务的责任岗位、支持条件（人、财、物）和完成时限。

2）评分方法

查现场和资料。1项未制定工作任务扣1分；责任岗位、支持条件和完成时限，1项不明确扣1分；抽查工作措施，1条未落实扣1分；对照岗位目标任务及措施，随机抽考科室负责人2名，1人不清楚自身任务及措施扣1分。

4. 目标考核

1）基本内容

（1）每季度统计目标任务完成情况，未按时完成的应分析原因，提出改进措施。该项占分3分。

（2）制定年度安全目标考核方案，有具体的考核指标、奖惩措施。该项占分3分。

（3）根据年度安全生产目标完成情况，对每项目标任务的责任人进行考核，纳入年度绩效管理。该项占分4分。

2）评分方法

查资料。

（1）未按要求统计不得分，少1次扣2分；未分析原因提出改进措施，少1项扣1分，扣完3分为止。

（2）无年度安全目标考核方案不得分；考核方案里无具体的考核指标扣2分；考核方案无具体的奖惩措施扣2分，扣完3分为止。

（3）未考核不得分；未纳入绩效管理或未兑现考核1次扣2分，扣完4分为止。

（三）主要负责人安全承诺

本项总分为 50 分，共分 4 个分项：建立公示，10 分；承诺内容，10 分；兑现，15 分；考核，15 分。

1. 建立公示

1）基本内容

（1）煤炭洗选企业对安全承诺的建立、公示、兑现、考核作出规定。该项占分 5 分。

（2）主要负责人每年向本单位全体职工进行公开承诺，签署承诺书并在显著位置公示。该项占分 5 分。

2）评分方法

查资料和现场，未作出规定不得分；内容缺 1 项扣 1 分，扣完 5 分为止；未签署或未公示不得分。

2. 承诺内容

1）基本内容

主要负责人安全承诺内容应包含但不限于：保证落实安全生产主体责任，保证建立健全安全生产管理体系，保证生产接续正常，保证安全费用提足用好，保证本人和领导班子成员不违章指挥，保证严格管控安全风险，保证如实报告重大安全风险，保证及时消除事故隐患，保证安全培训到位，保证职工福利待遇，保证职工合法权益，保证不迟报、漏报、谎报和瞒报事故。

2）评分方法

查资料和现场。缺 1 项内容扣 2 分，随机抽考 2~3 名选煤厂领导，1 人不了解承诺内容扣 1 分，扣完 10 分为止。

3. 兑现

1）基本内容

主要负责人严格兑现安全承诺。

2）评分方法

查现场和资料。现场抽查承诺践行情况，发现1条不兑现扣2分，扣完15分为止；涉及重大隐患行为的，该项不得分并执行一票否决。

4. 考核

1）基本内容

主要负责人将承诺兑现情况纳入年度述职内容和工作报告，经职工代表评议，并将评议结果纳入主要负责人年度绩效管理

2）评分方法

查资料。未向全体职工公开承诺兑现情况扣5分；未进行评议扣5分；未纳入绩效管理扣10分，考核未兑现扣10分，扣完15分为止。

第五章

煤炭洗选企业安全生产标准化管理体系组 织 机 构

一、工作要求

(1) 应建立由主要负责人牵头、分管负责人参加的安全办公会议机制，负责安全事项的制定和调整。

(2) 应建立完备的安全生产标准化管理部门，明确其安全生产各环节职责分工，并通过监管等手段确保职责的有效履行。

(3) 应建立涵盖安全、应急、职业健康的安全和职业健康管理标准体系。

二、评分办法

煤炭洗选企业组织机构标准化评分，通过查阅资料、现场和咨询等方式，给出相应得分。组织机构总分为100分，分3项来具体考核。

(一) 安全办公会议机制

本项总分10分。

1. 基本内容

建立由主要负责人牵头、分管负责人参加的安全办公会议机制，议定内容包括安全生产理念和目标、机构配置和人员定编、年度安全投入计划、安全生产事故应急预案、风险管控方案、生产计划等工作的制定和调整等，形成会议纪要。

2. 评分方法

查资料。未建立机制不得分；安全事项制定或调整无会议纪要，1 项扣 1 分；非主要负责人牵头或无授权，1 次扣 1 分，扣完 10 分为止。

（二）职责部门

本项总分 80 分，共分 2 个分项：安全管理，18 分；专业管理，62 分。

1. 安全管理

1）基本内容

（1）矿井型选煤厂之外的煤炭洗选企业设有安全生产监督管理部门，并明确制定安全生产规章制度、现场监督检查、"三违"行为的制止和纠正等职责。矿井型选煤厂的相关职能部门与煤矿相配套。该项占分 8 分。

（2）矿井型选煤厂之外的煤炭洗选企业应明确负责安全生产理念目标、安全承诺、安全生产监督管理、绩效考核和持续改进管理职责的部门。矿井型选煤厂的相关职能部门与煤矿相配套。该项占分 10 分。

2）评分方法

查资料和现场检查。

（1）职责未明确 1 项扣 2 分，部门职责不履行 1 项扣 1 分，扣完 8 分为止。

（2）1 项职责未明确扣 2 分，部门职责不履行 1 项扣 1 分，扣完10分为止。

2. 专业管理

1)基本内容

(1)矿井型选煤厂之外的煤炭洗选企业应明确负责安全风险分级管控、事故隐患排查治理工作职责的部门。矿井型选煤厂的相关职能部门与煤矿相配套。该项占分8分。

(2)矿井型选煤厂之外的煤炭洗选企业设有负责煤炭洗选、干选、筛选等生产技术管理的部门,并明确技术管理及现场监督检查执行情况等工作职责。矿井型选煤厂的相关职能部门与煤矿相配套。该项占分15分。

(3)矿井型选煤厂之外的煤炭洗选企业设有负责安全生产调度管理的部门,明确生产调度指挥、应急管理,安全监测监控及通信系统管理等工作职责。矿井型选煤厂的相关职能部门与煤矿相配套。该项占分8分。

(4)矿井型选煤厂之外的煤炭洗选企业设有负责安全生产管理的部门,明确煤炭洗选/干选/筛选生产管理及现场监督检查执行情况等工作职责。矿井型选煤厂的相关职能部门与煤矿相配套。该项占分8分。

(5)矿井型选煤厂之外的煤炭洗选企业设有负责机电运输管理的部门,明确机电、运输、自动化信息化等技术管理及现场监督检查执行情况等工作职责。矿井型选煤厂的相关职能部门与煤矿相配套。该项占分8分。

(6)矿井型选煤厂之外的煤炭洗选企业设有负责安全培训管理的部门,明确培训、班组建设等工作职责。矿井型选煤厂的相关职能部门与煤矿相配套。该项占分8分。

(7)矿井型选煤厂之外的煤炭洗选企业设有负责职业病危

害防治、消防安全管理、综合行政管理以及地面后勤保障等工作职责的部门，职责明确。矿井型选煤厂的相关职能部门与煤矿相配套。该项占分7分。

2）评分方法

查现场和资料。对应专业管理基本内容，评分如下。

（1）1项职责未明确扣2分，部门职责不履行1项扣1分，扣完8分为止。

（2）1项职责未明确扣1分，部门职责不履行1项扣1分，扣完15分为止。

（3）1项职责未明确扣1分，部门职责不履行1项扣1分，扣完8分为止。

（4）1项职责未明确扣1分，部门职责不履行1项扣1分，扣完8分为止。

（5）1项职责未明确扣1分，部门职责不履行1项扣1分，扣完8分为止。

（6）1项职责未明确扣1分，部门职责不履行1项扣1分，扣完8分为止。

（7）1项职责未明确扣1分，部门职责不履行1项扣2分，扣完7分为止。

（三）安全和职业健康管理标准体系

本项总分10分，共分2个分项：标准体系建设，5分；实施、评价与改进，5分。

1. 标准体系建设

1）基本内容

安全和职业健康管理标准体系涵盖安全、应急、职业健康等保障标准。体系内标准项目齐全，格式规范，内容完整，相互协调，不交叉、不重复。

2）评分方法

查现场和资料。发现有未覆盖项目、标准格式不规范、内容不完善、与安全生产标准化管理体系不协调、重复等情况的，一项扣1分，扣分累加，扣完5分为止。

2. 实施、评价与改进

1）基本内容

按《企业标准化工作评价与改进》（GB/T 19273）中的评价方法进行验证，按抽样方案抽取样本，对标准实施情况等进行实地考察或检查有关记录，实施有效。

2）评分方法

查现场和资料。发现未实施或实施不到位的，进行扣分，一项扣1分，扣分累加，扣完5分为止。

第六章

煤炭洗选企业安全生产标准化管理体系 全员安全生产责任制及安全管理制度

一、工作要求

（1）煤炭洗选企业应建立和履行安全生产责任制，做到：

——建立主要负责人为安全生产第一责任人的安全生产责任制；

——坚持自上而下、全员参与的原则，制定各部门、各岗位的安全生产责任制，建立任务清单，明确责任范围、考核标准；

——在适当位置长期公示全员安全生产责任制度，实现各岗位职工明责、履责、尽责，确保责任无空档。

（2）煤炭洗选企业应完善和落实安全生产管理制度，做到：

——应规范各项制度的制定、宣贯、执行、考核、修订、废止等环节；

——应建立健全安全生产规章制度，包括安全生产投入、安全奖惩、技术管理、安全培训、办公会议、安全检查、事故报告与责任追究制度等；

——应做好各项制度的贯彻落实工作。

二、评分办法

煤炭洗选企业安全生产责任制及安全管理制度标准化评分，通过查阅资料、现场和咨询等方式，给出相应得分。全员安全生产责任制及安全管理制度总分100分，分3项来具体考核。

（一）全员安全生产责任制

本项总分45分，共分2个分项：建立，35分；考核，10分。

1. 建立

1）基本内容

（1）建立主要负责人为安全生产第一责任人的分工负责的全员安全生产责任制，并以正式文件下发。该项占分10分。

（2）明确部门、科室、班组等各级单位安全生产责任。该项占分10分。

（3）制定各岗位全员安全生产责任制，明确责任范围，岗位有固定工作场所的，在适当位置进行长期公示。该项占分15分。

2）评分方法

查现场和资料。

（1）未明确主要负责人不得分，分管负责人未明确职责1人扣5分；未以正式文件下发扣5分，发现1项责任不落实扣1分，扣完10分为止。

（2）未明确各级单位安全生产责任缺1个扣3分，发现1项责任不落实扣1分，扣完10分为止。

（3）未明确各岗位安全生产责任、责任范围缺1个扣3分；

随机抽考企业领导、管理技术人员4人,1人不清楚岗位责任扣1分;岗位责任1项未公示扣3分,1项公示不全扣1分,发现1项责任不落实扣1分,扣完15分为止。

2. 考核

1)基本内容

依据全年安全生产责任落实情况进行全员考核,制定落实考核方案,并将考核结果纳入岗位绩效管理。

2)评分方法

查资料。未考核不得分;未制定考核方案扣5分,考核方案落实不到位1处扣1分;未纳入绩效管理扣5分,发现1个单位或有1人未严格考核兑现扣1分,扣完10分为止。

(二)安全管理制度

本项总分20分,分为2个分项:制度要求,10分;制度内容,10分。

1. 制度要求

1)基本内容

安全生产管理制度应满足下列规定。

(1)符合相关的法律、法规、政策、标准。

(2)内容具体,符合选煤厂实际,有针对性,责任清晰,能够对照执行和检查。

2)评分方法

查现场和资料,随机抽查,内容不符合1处扣2分,扣完10分为止。

2. 制度内容

1)基本要求

至少建立以下安全管理制度，主要包括：全员安全生产责任制管理考核制度；安全办公会议制度；安全投入保障制度；安全监督检查制度；安全技术措施审批制度；安全设备、器材使用管理制度；安全奖惩制度；安全操作规程管理制度；事故报告与责任追究制度；事故应急救援制度；"三违"管理制度。

2）评分方法

查资料。缺1项制度扣2分，扣完10分为止。

（三）执行与监督

本项总分35分，共分3个分项：培训，10分；制度执行，15分；监督，10分。

1. 培训

1）基本内容

将全员安全生产责任制教育培训工作纳入安全生产年度培训计划，全员掌握本岗位安全生产职责。

2）评分方法

查现场和资料。未纳入不得分；1人未参加培训扣1分。随机抽考，范围覆盖矿领导、管理技术人员各2人，1人未掌握扣2分，扣完10分为止。

2. 制度执行

1）基本内容

严格执行本企业各项制度。

2）评分方法

查现场和资料。1项制度未执行扣5分，制度执行不到位1处扣1分，扣完15分为止。

3. 监督

1) 基本内容

对违反制度的行为和现象有明确、具体的处罚措施和责任追究办法,并严格落实。

2) 评分方法

查资料。不符合要求1处扣2分,扣完10分为止。

第七章 煤炭洗选企业安全生产标准化管理体系从业人员素质

一、工作要求

（1）煤炭洗选企业应严格人员配备与准入，做到：

——主要负责人和安全生产分管负责人，安全生产管理人员、专业技术人员配备满足要求，且不得在其他煤炭洗选企业兼职；

——主要负责人、安全生产分管负责人具备煤炭相关专业大专及以上学历；已经取得职业高中、技工学校及中专以上学历的毕业生从事与其所学专业相应的特种作业，持学历证明经考核发证机关同意，可以免予相关专业的培训；

——专业技术人员应符合任职资格。

（2）煤炭洗选企业应对从业人员做好安全培训，做到：

——主要负责人组织制定并落实安全培训管理制度、安全培训计划，按规定投入和使用安全培训经费；

——应按本企业制度规定对从业人员进行定期安全生产培训；

——主要负责人和安全生产管理人员必须具备与生产经营活动相应的安全生产知识和管理能力，并考核合格；

——自主培训应具备安全培训条件，不具备安全培训条件的应委托具备安全培训条件的机构进行培训；

——特种作业人员须取得相应的特种作业操作证；其他从业人员须具备必要的安全生产知识和安全操作技能，并经培训合格后方可上岗；

——建立健全从业人员安全培训档案。

（3）煤炭洗选企业应做好班组管理与不安全行为控制，应：

——强化选煤厂班组安全建设，制定规划、目标，保障安全建设资金，完善安全建设措施；

——加强班组现场管理。落实班组安全责任，制定班组安全工作标准，规范工作流程；

——管控员工的不安全行为，制定对不安全行为的全流程管理制度，赋予每一位员工现场抵制和制止不安全行为（含"三违"行为）的权力；

——应对不安全行为进行分析，制定不安全行为管控措施。

二、评分办法

煤炭洗选企业从业人员素质标准化评分，通过查阅资料、现场和咨询等方式，给出相应得分。从业人员素质满分100分，分4个方面具体考核。

（一）人员配备及准入

本项总分30分，共分4个分项：主要负责人及安全生产管理人员，18分；专业技术人员，5分；特种作业人员，3分；其他从业人员，4分。

1. 主要负责人及安全生产管理人员

1）基本内容

（1）主要负责人、安全生产分管负责人具备煤炭相关专业大专及以上学历，具有3年以上相关工作经历，且不得在其他企业兼职。

（2）安全生产管理人员经考核合格；安全生产管理机构负责人具备相关专业中专及以上学历，具有2年以上安全生产相关工作经历。

（3）明确煤炭洗选全流程管理技术负责人，对洗选技术工作负责。

2）评分方法

查资料和现场。

（1）抽查相关人员和查资料。1人不符合要求扣5分；在其他企业兼职"人员配备及准入"大项不得分，扣完8分为止。

（2）1人不符合要求扣2分，扣完5分为止。

（3）未明确职责不得分，扣完5分为止。

2. 专业技术人员

1）基本内容

专业技术人员具备煤炭洗选相关专业中专以上学历或注册安全工程师资格。

2）评分方法

查资料。1人不符合要求扣1分，扣完5分为止。

3. 特种作业人员

1）基本内容

已经取得职业高中、技工学校及中专以上学历的毕业生从事与其所学专业相应的特种作业，持学历证明经考核发证机关同意，可以免予相关专业的培训。

2）评分方法

查现场和资料。1人不符合要求不得分。

4. 其他从业人员

1）基本内容

煤炭洗选企业其他人员经培训取得培训合格证明上岗；新上岗的一线作业人员安全培训合格后，在有经验的工人师傅带领下，实习满4个月，并取得工人师傅签名的实习合格证明后，方可独立工作。

2）评分方法

查现场和资料。使用劳务派遣工不得分；其他1人不符合要求扣1分，扣完4分为止。

（二）安全培训

本项总分40分，共分3个分项：基础保障，10分；组织实施，25分；培训档案，5分。

1. 基础保障

1）基本内容

（1）建立并执行安全培训管理制度，对培训需求调研、培训策划设计、教学管理组织、学员考核、培训登记、档案管理、过程控制、经费管理、后勤保障、质量评估、教师管理等工作进行规定。该项占分2分。

（2）具备安全培训条件［符合《安全培训机构基本条件》（AQ/T 8011—2016）要求］的企业，按规定配备同安全培训范围及规模相适应、相对稳定的师资队伍和装备、设施；不具备培训条件的企业，应委托具备安全培训条件的机构进行安全培训。该项占分4分。

（3）按照规定比例提取和使用安全培训经费（工资总额的1.5%），做到专款专用。该项占分4分。

2）评分方法

查现场和资料。

（1）未建立制度不得分；制度不完善1处扣0.5分，执行不到位1处扣1分，扣完2分为止。

（2）场所、设施等不符合要求或欠缺1处扣1分，缺1名相关专业教师扣2分；扣完4分为止；不具备条件且未委托培训的不得分。

（3）未提取培训经费不得分，经费不足扣2分，未做到专款专用扣1分，扣完4分为止。

2. 组织实施

1）基本内容

（1）主要负责人组织制定并实施安全生产教育和培训计划，组织制定并推动实施安全技能提升培训计划。该项占分4分。

（2）培训对象覆盖所有从业人员。该项占分3分。

（3）安全培训学时符合规定。该项占分3分。

（4）针对不同专业的培训对象和培训类别，开展有针对性的培训；对新法律法规、新标准、新规程及使用新工艺、新技术、新设备、新材料时，对有关从业人员实施针对性安全再培训。该项占分4分。

（5）主要负责人和职业病危害防治管理人员接受职业病危害防治培训；接触职业病危害因素的从业人员上岗前接受职业病危害防治培训和在岗期间的定期职业病危害防治培训。该项占分2分。

（6）班组长任职前接受专门的安全培训并经考核合格，按计划接受安全技能提升专项培训；班组长的安全培训，应当由本单位组织实施。该项占分 4 分。

（7）制定应急救援预案培训计划，组织有关人员开展应急预案、应急知识、自救互救和避险逃生技能的培训活动，使有关人员熟练掌握应急预案相关内容。该项占分 3 分。

（8）组织开展安全生产事故案例警示教育。该项占分 2 分。

2）评分方法

查现场和资料。

（1）无计划不得分，计划不是主要负责人牵头制定，扣 2 分，扣完 4 分为止。

（2）培训对象未覆盖全员，缺 1 类人员扣 0.5 分，扣完 3 分为止。

（3）不符合要求 1 处扣 1 分，扣完 3 分为止。

（4）培训无针对性扣 1 分，其他不符合要求 1 处扣 1 分，扣完 4 分为止。

（5）主要负责人未经过职业病危害防治培训扣 1 分；其他 1 人不符合要求扣 0.5 分，扣完 2 分为止。

（6）1 人不符合要求扣 1 分，扣完 4 分为止。

（7）无应急救援预案培训计划不得分；培训内容不具相关岗位针对性 1 处扣 1 分；抽查 2 名现场人员，每 1 人不熟悉相关知识扣 1 分，扣完 3 分为止。

（8）未组织开展不得分。

3. 培训档案

1）基本内容

（1）建立健全从业人员安全培训档案和企业安全培训档案，实行一人一档、一期一档。该项占分 3 分。

（2）档案管理制度完善、人员明确、职责清晰，保存期限符合规定；档案可为纸质档案或电子档案。该项占分 2 分。

2）评分方法

查现场和资料。

未建立档案不得分；档案内容不完整缺 1 项扣 0.2 分，扣完 1 分为止；未实行一人一档或一期一档不得分。

不符合要求 1 处扣 1 分，扣完 2 分为止。

（三）班组安全建设

本项总分 20 分，共分 2 个分项：组织建设，10 分；现场管理，10 分。

1. 组织建设

1）基本内容

（1）每个班组至少配备 1 名群众安全监督员（不得由班组长兼任）。该项占分 2 分。

（2）班组建有民主管理机构，并组织开展班组民主活动。该项占分 2 分。

（3）开展班组建设创先争优活动，组织优秀班组和优秀班组长评选活动；建立表彰奖励机制。该项占分 2 分。

（4）建立班组长选聘、使用、培养机制。该项占分 2 分。

（5）赋予班组长及职工在安全生产管理、规章制度制定、安全奖罚、民主评议等方面的知情权、参与权、表达权、监督权。该项占分 2 分。

2）评分方法

查现场和资料。

（1）缺 1 人扣 1 分，班组长兼任安全监督员 1 人扣 0.5 分，扣完2分为止。

(2) 未建立机构不得分；民主活动开展不符合要求扣0.5分，扣完2分为止。

(3) 未建立机制或未开展活动不得分。

(4) 未建立机制或未执行不得分。

(5) 不符合要求1处扣0.2分，扣完2分为止。

2. 现场管理

1) 基本内容

(1) 班前有安全工作安排，班组长督促落实作业前进行岗位安全风险辨识及安全确认。该项占分3分。

(2) 严格执行交接班制度，交接重点内容包括隐患及整改、安全状况、安全条件及安全注意事项。该项占分3分。

(3) 组织班组规范作业。该项占分2分。

(4) 实施班组工程（工作）质量巡回检查，严格工程（工作）质量验收。该项占分2分。

2) 评分方法

查现场和资料。

(1) 不符合要求1处扣0.5分，扣完3分为止。

(2) 不符合要求1处扣0.2分，交接班人员及数量超规定不得分，扣完3分为止。

(3) 不符合要求1处扣0.5分，扣完2分为止。

(4) 检查工具不齐全不得分，其他不符合要求1处扣0.2分，扣完2分为止。

（四）不安全行为管理

本项总分10分，共分3个分项：制度建立，2分；行为控制，7分；台账记录，1分。

1. 制度建立

1）基本内容

建立不安全行为管理制度，对不安全行为的具体表现、控制措施、发现、举报、帮教、考核、再上岗、回访、记录等作出规定，并赋予每一名职工现场制止不安全行为（含"三违"行为）的权力。该项占分2分。

2）评分方法

查资料。未建立制度不得分；制度不完善1处扣1分，扣完2分为止。

2. 行为控制

1）基本内容

（1）每年结合上年度行为控制情况，整理本单位发生的不安全行为（含"三违"行为），从管理、现场环境、制度等方面进行分析，并制定行为控制措施。该项占分3分。

（2）按照不安全行为管理制度要求，对有不安全行为的职工采取多种方法进行帮教，帮教合格后方可上岗作业。该项占分2分。

（3）不安全行为人员在上岗一周内，所在的科室、班组至少对其实施一次行为观察；行为管控主管部门对再上岗人员进行回访，回访应制定回访表格，至少包括不安全行为人领导、同事（下属）不少于3人签署的再上岗人员的评价意见。该项占分2分。

2）评分方法

查资料。

（1）未整理本单位不安全行为扣2分；未开展分析或制定

管控措施1处扣1分。扣完3分为止。

（2）无帮教不得分；仅采用经济处罚扣1分；未进行全面帮教，缺1人扣0.5分，扣完2分为止。

（3）一周内未观察，1处扣0.5分；查回访记录，回访每年少于10人次（如不安全行为在10人次内，应全部回访），少1次扣0.5分；回访表格签署不符合要求1份扣0.2分，扣完2分为止。

3. 台账记录

1）基本内容

建立不安全行为（含"三违"行为）台账，包括不安全行为发生时间、地点、类别、所在单位、主要原因等信息。该项占分1分。

2）评分方法

查资料。无台账不得分；台账有遗漏或不完善1处扣0.2分，扣完1分为止。

第八章

煤炭洗选企业安全生产标准化管理体系安全风险分级管控

一、工作要求

(1) 煤炭洗选企业应建立主要负责人为第一责任人的安全风险分级管控责任体系和工作制度,明确安全风险分级管控工作职责和流程。

(2) 煤炭洗选企业应定期进行安全风险辨识评估。

a) 年度辨识评估。每年主要负责人组织开展年度安全风险辨识,重点对容易导致群死群伤事故的危险因素进行安全风险辨识评估。

b) 专项辨识评估。企业出现以下情况应开展专项安全风险辨识评估:

——入选原煤煤质发生重大变化;

——生产系统、生产工艺、主要设施设备、灾害因素等发生重大变化,新技术、新工艺、新设备、新材料试验或推广应用前;

——执行高危任务,检修等;

——连续停工停产 1 个月以上的企业复工复产前;

——本企业发生死亡事故或涉险事故、出现重大事故隐患,全国选煤厂发生重特大事故，或者所在省份、所属集团选煤厂发生较大事故后。

c）建立安全风险辨识评估结果应用机制，将安全风险辨识评估结果应用于指导生产计划、作业规程、操作规程、灾害预防与处理计划、应急救援预案以及安全技术措施等技术文件的编制和完善。

（3）主要负责人、分管负责人、科室负责人、专业技术人员掌握本企业、本岗位安全风险及管控措施，鼓励一线工作人员特别是关键岗位人员掌握相关的安全风险及管控措施，组织作业时对管控措施落实情况进行现场确认。

（4）主要负责人每年组织对安全风险管控措施落实情况和管控效果进行总结分析，及时公告安全风险。

（5）煤炭洗选企业应每年组织领导干部、一线工作人员，以及参加辨识评估人员参加安全风险知识培训。

二、评分办法

煤炭洗选企业安全风险分级管控标准化评分，通过查阅资料、现场和咨询等方式，给出相应得分。安全风险分级管控满分100分，分4个方面进行考核。

（一）工作机制

本项总分10分，分为2个分项：职责分工，6分；制度建设，4分。

1. 职责分工

1）基本内容

建立安全风险分级管控工作责任体系，主要负责人全面负责,安全生产分管负责人负责分管范围内的安全风险分级管控工作;分管负责人、科室、车间班组安全风险分级管控的职责明确。

2)评分方法

查现场和资料。未建立主要负责人全面负责的责任体系不得分,职责内容不明确1项扣1分;随机抽考企业领导3人,1人不清楚职责扣1分,扣完6分为止。

2. 制度建设

1)基本内容

建立安全风险分级管控工作制度,明确安全风险辨识评估范围、方法和安全风险的辨识、评估、管控、公告、报告工作流程。

2)评分方法

查资料。未建立制度不得分,辨识评估范围、方法或工作流程1处不明确扣1分,工作流程内容不完善1处扣0.5分,制度不执行1项扣1分,扣完4分为止。

(二)安全风险辨识评估

本项总分45分,分2个分项:年度辨识评估,12分;专项辨识评估,33分。

1. 年度辨识评估

1)基本内容

(1)每年主要负责人组织各分管负责人、相关科室、车间进行年度安全风险辨识评估,重点对容易导致群死群伤事故的危险因素开展安全风险辨识评估。

(2)风险辨识评估范围应覆盖煤炭洗选全流程所有系统、

场所、区域。

（3）高瓦斯及突出、煤层自燃及容易自燃等矿井配套的煤炭洗选企业，应将相应影响区域的安全风险评估为重大风险。

（4）年底前完成年度安全风险辨识评估报告的编制，制定《企业安全风险管控方案》；方案应包含安全风险清单，相应的管理、技术、工程等管控措施，以及每条措施落实的人员、技术、时限、资金等内容。

（5）将辨识评估结果应用于确定下一年度安全生产工作重点，《企业安全风险管控方案》对下一年度生产计划、灾害预防和处理计划、应急救援预案、安全培训计划、安全费用提取和使用计划等提出意见。

2）评分方法

查资料和现场。

（1）未开展辨识或辨识组织者不符合要求不得分。

（2）未按照工作制度开展风险辨识评估工作1处扣1分。

（3）参加人员不全缺1人扣1分。

（4）辨识内容（危险因素不存在的除外）缺1项扣2分。

（5）辨识评估范围不全缺1处扣2分。

（6）重大灾害矿井配套煤炭洗选企业未将相应风险评估为重大风险1项扣2分。

（7）未编制评估报告或未制定管控方案扣10分，管控方案内容不全缺1项扣2分。

（8）风险管控措施不完善、不落实或操作性不强1项扣0.2分；辨识成果未体现应用缺1项扣1分。

2. 专项辨识评估

1）基本内容

（1）煤炭洗选新系统设计前，开展1次专项辨识评估。该项占分8分。其基本内容包括：

——专项辨识评估由总工程师组织有关科室进行；

——重点辨识评估地质条件和重大灾害因素等方面存在的安全风险；

——编制专项辨识评估报告，有新增风险或需调整措施的补充完善《企业安全风险管控方案》；

——辨识评估结果应用于完善设计方案，指导生产工艺选择、生产系统布置、设备选型、劳动组织确定。

（2）生产系统、生产工艺、主要设施设备、灾害因素等发生重大变化时，开展1次专项辨识评估。该项占分8分。其基本内容包括：

——专项辨识评估由分管负责人组织有关科室进行；

——重点辨识评估作业环境、生产过程、灾害因素和设施设备运行等方面存在的安全风险；

——编制专项辨识评估报告，有新增风险或需调整措施的补充完善《企业安全风险管控方案》；

——辨识评估结果应用于指导编制或修订完善作业规程、操作规程。

（3）新技术、新工艺、新设备、新材料试验或推广应用前，连续停工停产1个月以上的企业复工复产前，开展1次专项辨识评估。该项占分9分。其基本内容包括：

——专项辨识评估由分管负责人（复工复产前专项辨识评估由主要负责人）组织有关科室、生产组织单位（班组）进行；

——重点辨识评估作业环境、工程技术、设备设施、现场操作等方面存在的安全风险；

——编制专项辨识评估报告，有新增风险或需调整措施的补充完善《企业安全风险管控方案》；

——辨识评估结果应用于对安全技术措施编制提出指导意见。

（4）本单位发生死亡事故或涉险事故、出现重大事故隐患，全国煤矿发生重特大事故，或者所在省份、所属集团煤矿发生较大事故后，开展1次针对性的专项辨识评估。该项占分8分。其基本内容包括：

——专项辨识评估由主要负责人组织分管负责人和科室进行；

——识别安全风险辨识评估结果及管控措施是否存在漏洞、盲区；

——编制专项辨识评估报告，有新增风险或需调整措施的补充完善《企业安全风险管控方案》；

——辨识评估结果应用于指导修订完善设计方案、作业规程、操作规程、安全技术措施。

2）评分方法

查现场和资料。

（1）未开展辨识不得分，缺1次扣4分；辨识组织者不符合要求扣2分，科室缺1个扣1分，辨识内容缺1项扣2分；风险辨识评估不符合本企业制度规定1处扣1分；风险管控措施不完善或操作性不强1项扣0.2分；辨识成果未体现应用缺1项扣1分。

（2）未开展辨识不得分，缺1次扣4分；辨识组织者不符合要求扣2分，科室缺1个扣1分，辨识内容缺1项扣2分；风险辨识评估不符合本矿制度规定1处扣1分；风险管控措施不完善或操作性不强1项扣0.2分；辨识成果未体现应用缺1项扣1分。

（3）未开展辨识不得分，缺1次扣4分；辨识组织者不符合要求扣2分，科室、生产组织单位（班组）缺1个扣1分，辨识内容缺1项扣2分；风险辨识评估不符合本矿制度规定1处扣1分；风险管控措施不完善或操作性不强1项扣0.2分；辨识成果未体现应用缺1项扣1分；措施未按指导意见编制的扣1分。

（4）未开展辨识不得分，缺1次扣4分；辨识组织者不符合要求扣2分，科室缺1个扣1分，辨识内容缺1项扣2分；风险辨识评估不符合本单位制度规定1处扣1分；风险管控措施不完善或操作性不强1项扣0.2分；辨识成果未体现应用缺1项扣1分。

（三）安全风险管控

本项总分30分，共分2个分项：管控方案落实，24分；公告报告，6分。

1. 管控方案落实

1）基本内容

（1）由主要负责人组织实施《企业安全风险管控方案》，人员、技术、资金满足要求，安全风险管控措施落实到位。该项占分6分。

（2）有安全风险的区域设定作业人数上限，人数应符合有关限员规定，入口显著位置悬挂限员牌板。该项占分3分。

（3）主要负责人掌握并落实本单位安全风险及主要管控措

施,分管负责人、科室负责人、专业技术人员掌握相关范围的重大安全风险及管控措施。该项占分6分。

(4) 在安全风险区域作业的班组长掌握并落实该区域安全风险及相应的管控措施;班组长组织作业时对管控措施落实情况进行现场确认。该项占分5分。

(5) 煤炭洗选企业主要负责人每年组织对安全风险管控措施落实情况和管控效果进行总结分析,指导下一年度安全风险管控工作。该项占分4分。

2) 评分方法

查现场和查资料。

(1) 组织者不符合要求不得分;人员、技术、资金不满足要求1项扣1分;管控措施未落实1项扣1分;1条安全风险管控失效扣2分。

(2) 未设定人数上限或设定不符合规定不得分,现场超1人扣0.5分;未按规定悬挂牌板1处扣0.5分。

(3) 抽考不少于4人,主要负责人完全不掌握不得分,掌握不全面1项扣1分;其他1人完全不掌握扣2分,掌握不全面1项扣1分;发现措施未落实1项扣2分。

(4) 抽考班组长2人,1人未掌握本区域安全风险及管控措施扣1分;未进行确认或确认不符合实际1处扣1分;发现措施未落实1项扣2分。

(5) 未总结分析不得分,安全风险分析不全缺1项扣1分。

2. 公告报告

1) 基本内容

在存在安全风险区域的显著位置,公示存在的安全风险、管控责任人和主要管控措施。该项占分6分。

2）评分方法

查现场。未公示不得分，公示内容和位置不符合要求1处扣2分，公示内容缺1条扣2分。

（四）保障措施

本项总分15分，共分2个分项：信息管理，4分；教育培训，6分。

1. 信息管理

1）基本内容

采用信息化管理手段，实现对安全风险记录、跟踪、统计、分析、上报等全过程的信息化管理。

2）评分方法

查现场和资料，未实现信息化管理不得分，功能缺1项扣1分。

2. 教育培训

1）基本内容

（1）年度辨识评估完成后1个月内对入一线人员进行安全风险管控培训，内容包括安全风险清单、与本岗位相关的安全风险管控措施，且不少于2学时；专项辨识评估完成后1周内对相关作业人员开展培训。该项占分6分。

（2）年度风险辨识评估前组织对主要负责人和分管负责人等参与安全风险辨识评估工作的人员开展1次安全风险辨识评估技术培训，且不少于4学时。该项占分5分。

2）评分方法

查现场和资料。

（1）培训不及时扣 2 分；培训内容和学时不符合要求 1 处扣 1 分，少 1 人参加扣 0.5 分。

（2）未组织培训不得分，1 人未参加培训扣 1 分；现场询问相关学习人员，1 人不掌握本矿辨识评估方法扣 0.5 分。

第九章

煤炭洗选企业安全生产标准化管理体系事故隐患排查治理

一、工作要求

（1）煤炭洗选企业应建立健全事故隐患排查治理责任体系和工作制度，明确事故隐患排查治理工作职责。并对排查出的事故隐患进行分级，按事故隐患等级进行登记、治理、验收、销号。

（2）煤炭洗选企业的事故隐患排查，应：

——明确事故隐患排查人员、内容、周期；

——排查《企业安全风险管控方案》措施落实情况和各生产系统、各岗位的事故隐患，排查内容包括安全风险管控措施不落实情况和人的不安全行为、物的不安全状态、环境的不安全条件以及管理缺陷等。

（3）煤炭洗选企业事故隐患应实施分级治理、分级督办。不同等级的事故隐患由相应层级的单位（部门）和人员负责。事故隐患由主要负责人或分管负责人按照责任、措施、资金、时限、预案"五落实"的原则，组织制定专项治理方案，并组织实施。对未按规定完成治理的事故隐患，及时提高督办层级，加大督办力度；事故隐患治理完成，经验收合格后予以销号，解除督办。

（4）对治理过程中存在危险的事故隐患治理应有安全措施。对治理过程中危险性较大的事故隐患，应制定现场处置方案，治理过程中有专人现场指挥和监督，并设置警示标识。

（5）煤炭洗选企业应对事故隐患排查治理记录统计、过程跟踪、逾期报警、信息上报等进行信息化管理。及时通报事故隐患排查和治理情况。定期组织召开专题会议，对风险管控措施落实、事故隐患排查和治理情况进行汇总分析。

（6）煤炭洗选企业应定期组织开展事故隐患排查治理相关知识培训。

二、评分办法

煤炭洗选企业事故隐患排查治理标准化评分，通过查阅资料、现场和咨询等方式，给出相应得分。事故隐患排查治理满分100分，分5个方面具体考核。

（一）工作机制

本项总分10分，共分3个分项：职责分工，4分；制度建设，2分；分级管理，4分。

1. 职责分工

1）基本内容

建立事故隐患排查治理工作责任体系，明确主要负责人全面负责、分管负责人负责分管范围内的事故隐患排查治理工作，各科室、班组、岗位人员职责明确。

2）评分方法

查现场和资料。未建立质量控制体系不得分，职责内容不明确1项扣1分；主要负责人、分管负责人不清楚职责1人扣1分，其他人员不清楚职责1人扣0.5分，扣完4分为止。

2. 制度建设

1）基本内容

建立《企业安全风险管控方案》措施落实情况检查和事故隐患排查治理相关制度，对安全风险管控措施落实及管控效果标准，以及事故隐患（含措施不落实情况）排查、登记、治理、督办、验收、销号、分析总结、检查考核工作作出规定并落实。

2）评分方法

查资料和现场。未建立制度不得分；内容缺1项扣1分，制度不执行1项扣1分，扣完2分为止。

3. 分级管理

1）基本内容

对排查出的事故隐患进行分级，并按照事故隐患等级明确相应层级的单位（部门）、人员负责治理、督办、验收。

2）评分方法

查现场和资料。未对事故隐患进行分级扣2分，责任单位和人员不明确1项扣1分，扣完4分为止。

（二）事故隐患排查

本项总分30分，共分2个分项：周期范围，23分；登记上报，7分。

1. 周期范围

1）基本内容

（1）主要负责人每月组织分管负责人及相关科室、班组对安全风险管控措施落实情况、管控效果及覆盖生产各系统、各岗位的事故隐患至少开展 1 次排查；排查前制定工作方案，明确排查时间、方式、范围、内容和参加人员。该项占分 7 分。

（2）涉及安全风险区域的负责人每半月组织相关人员对覆盖分管范围的安全风险管控措施落实情况、管控效果和事故隐患至少开展 1 次排查。该项占分 3 分。

（3）企业领导定期跟踪安全风险管控措施落实情况，排查事故隐患，记录安全风险管控措施落实情况和事故隐患排查情况。该项占分 4 分。

（4）生产期间，每天安排管理、技术和安检人员进行巡查，对作业区域开展事故隐患排查。该项占分 5 分。

（5）岗位作业人员作业过程中随时排查事故隐患。该项占分 4 分。

2）评分方法

查现场和资料。

（1）未组织排查安全风险管控措施落实情况、管控效果及各类隐患的不得分；组织人员、范围、周期不符合要求 1 项扣 2 分，未制定工作方案 1 次扣 1 分，方案内容缺 1 项扣 0.5 分，扣完 7 分为止。

（2）未组织排查安全风险管控措施落实情况、管控效果及各类隐患的不得分；组织人员、范围、周期不符合要求 1 项扣 1 分，扣完 3 分为止。

（3）未跟踪排查 1 人次扣 1 分，记录内容未反映现场情况 1 处扣 0.2 分，扣完 4 分为止。

（4）未安排巡查不得分，人员、范围、周期不符合要求 1 项扣 0.2 分，扣完 5 分为止。

（5）抽查班组隐患台账，未排查扣 1 班次 0.1 分，扣完 4 分为止。

2. 登记上报

1）基本内容

（1）建立事故隐患排查台账，逐项登记内部排查和外部检查的事故隐患。该项占分3分。

（2）排查发现重大事故隐患后，及时向当地煤矿安全监管监察部门书面报告，并建立重大事故隐患信息档案。该项占分4分。

2）评分方法

查现场和资料。

（1）未建立台账不得分，登记不全缺1条扣0.2分，扣完3分为止。

（2）不符合要求，未向相关部门书面报告并建立档案的，不得分。

（三）事故隐患治理

本项总分25分，分2个分项：分级治理，16分；安全措施，9分。

1. 分级治理

1）基本内容

（1）事故隐患由主要负责人按照责任、措施、资金、时限、预案"五落实"的原则，组织制定专项治理方案，并组织实施；治理方案按规定及时上报。该项占分6分。

（2）不能立即治理完成的事故隐患，明确治理责任单位（责任人）、治理措施、资金、时限，并组织实施。该项占分5分。

（3）能够立即治理完成的事故隐患，当班采取措施，及时治理消除，并记入班组隐患台账。该项占分5分。

2）评分方法

查现场和资料。

（1）组织者不符合要求或未按方案组织实施不得分，治理方案未及时上报扣2分。

（2）未按要求组织实施1处扣0.5分，扣完5分为止。

（3）当班未采取措施或未及时治理不得分，未建立台账每班扣1分，台账记录不全1处扣0.2分，扣完5分为止。

2. 安全措施

1）基本内容

（1）对治理过程中存在危险的事故隐患治理有安全措施，并落实到位。该项占比4分。

（2）对治理过程危险性较大的事故隐患（指可能危及治理人员及接近治理区人员安全，如爆炸、人员坠落、坠物、电击、机械伤人等），应制定现场处置方案，治理过程中现场有专人指挥，并设置警示标识；安检员现场监督。该项占分5分。

2）评分方法

查现场和资料。

（1）隐患治理无措施或措施不落实1条扣0.5分，扣完4分为止。

（2）无处置方案或现场没有专人指挥不得分，未设置警示标识扣1分，没有安检员监督扣1分。

（四）监督管理

本项总分18分，共分3个分项：治理督办，6分；验收销号,8分;公示监督,4分。

1. 治理督办

1)基本要求

(1)事故隐患治理督办的责任单位(部门)和责任人员明确。

(2)对未按规定完成治理的事故隐患,由上一层级单位(部门)和人员实施督办。

2)评分方法

查资料,督办责任不明确或不落实1次扣3分,未实行提级督办1次扣3分。

2. 验收销号

1)基本内容

(1)煤炭洗选企业进行排查发现的事故隐患完成治理后,由验收责任单位(部门)或人员负责验收,验收合格后予以销号。该项占分4分。

(2)相关管理部门检查发现的事故隐患,完成治理后,书面报告发现部门或其委托部门(单位)。该项占分4分。

2)评分方法

查现场和资料。

(1)未进行验收不得分,验收单位或人员不符合要求1次扣1分,扣完4分为止;验收不合格即销号的不得分。

(2)未按规定报告不得分。

3. 公示监督

1)基本内容

(1)每月向从业人员通报事故隐患分布、治理进展情况。

(2)及时在显著位置公示事故隐患的地点、主要内容、治理时限、责任人、停产停工范围。

(3) 建立事故隐患举报奖励制度,公布事故隐患举报联系方式,接受从业人员和社会监督。

2) 评分方法

查现场和资料。未定期通报或未及时公示扣1分,通报和公示内容缺1项扣0.5分,未设立举报联系方式扣1分,接到举报未核查或核实后未进行奖励扣2分。

(五) 保障措施

本项总分17分,共分5个分项:信息管理,3分;改进完善,3分;资金保障,3分;教育培训,3分;考核管理,3分。

1. 信息管理

1) 基本内容

采用信息化管理手段,实现对事故隐患排查治理记录统计、过程跟踪、逾期报警、信息上报的信息化管理。

2) 评分方法

查现场和资料。未采取信息化手段不得分,管理内容缺1项扣1分,扣完3分为止。

2. 改进完善

1) 基本内容

主要负责人每月组织召开事故隐患治理会议,对事故隐患的治理情况进行通报,分析安全风险管控情况、事故隐患产生的原因,编制月度统计分析报告,布置月度安全风险管控重点,提出预防事故隐患的措施。

2) 评分方法

查资料。未召开会议定期通报或未编制报告不得分,报告内容不符合要求1处扣0.5分;对照上月分析报告,随机抽考科室负责人、班组长各1人,1人不清楚隐患成因和预防隐患出现的措施扣1分,扣完3分为止。

3. 资金保障

1) 基本内容

事故隐患排查治理工作资金有保障。

2) 评分方法

查现场和资料。资金无保障不得分。

4. 教育培训

1) 基本内容

(1) 每年至少组织主要负责人、分管负责人、安全等科室相关人员和班组管理人员进行1次事故隐患排查治理专项培训,且不少于4学时。

(2) 每年至少对一线岗位人员进行1次事故隐患排查治理基本技能培训,包括事故隐患排查方法、治理流程和要求、所在班组作业区域常见事故隐患的识别,且不少于2学时。

2) 评分方法

查资料。

(1) 未按要求开展培训不得分;主要负责人、分管负责人或副总工程师缺1人扣1分,其他人员缺1人扣0.2分;培训学时不符合要求扣1分,扣完3分为止。

(2) 培训内容和学时不符合要求1处扣1分,缺1人扣0.2分,扣完2分为止。

5. 考核管理

1) 基本内容

(1) 按本单位制度规定对事故隐患排查治理工作实施情况

开展检查。

（2）检查结果纳入工作绩效考核。

2）评分方法

查资料。未开展检查1次扣1分，检查结果未纳入考核1次扣1分，扣完3分为止。

第十章

煤炭洗选企业安全生产标准化管理体系现场管控

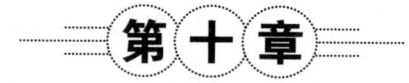

一、工作要求

（1）煤炭洗选企业应围绕工业厂区和作业场所、卸煤/储煤/给煤及地面生产系统、原煤准备、煤炭分选、固液分离、厂内外运输、装车、辅助系统、设备管理、许可作业、电气安全、自动监控和信息化管理、技术检查、外委施工管理、消防、应急救援等方面，建立商品煤生产质量控制体系，完善作业流程、岗位职责、管理制度等。

（2）煤炭洗选企业应按照《选煤厂安全规程》的要求，设定工业厂区和作业场所、卸煤/储煤/给煤及地面生产系统、原煤准备、煤炭分选、固液分离、厂内外运输、装车、辅助系统、设备管理、许可作业、电气安全、自动监控和信息化管理、技术检查、外委施工管理、消防、应急救援等方面的质量和工作指标，建立健全企业质量管理标准体系，规范煤炭洗选生产技术、设备设施、商品煤质量、岗位作业等方面的管理工作。

（3）煤炭洗选企业质量控制应按照《选煤厂安全规程》的要求，做好以下方面工作：

——工业厂区和工作场所安全、整洁、有序，做好防火、防水、防爆和防雷；

——卸煤/储煤/给煤及地面生产系统相关设备/设施、工作人员要求及过程管理；

——原煤准备、煤炭分选、固液分离、辅助设备规范运行、安全防护、自动化、智能化；

——厂内外运输高效、绿色、有序；

——设备管理到位、维修、安装合理、规范、科学、有据可依；

——许可作业、电气安全实现流程化、规范化；

——自动监控和信息化管理精准、适时、及时；

——技术检查规范、及时、准确；

——工作人员职业健康、员工培训；

——煤炭洗选加工过程的闭环管理。

（4）煤炭洗选企业应完善以保障商品煤质量满足要求而开展的质量控制标准。

（5）煤炭洗选企业应做好生产全流程精细化管理和精益化管理，做好生产工艺指标、商品煤质量指标、运营指标等记录统计、过程跟踪、信息上报、档案留存等工作。

（6）煤炭洗选企业应做好工作人员的定期培训工作。

二、评分办法

煤炭洗选企业质量控制标准化评分，通过查阅资料、现场和咨询等方式，给出相应得分。现场控制满分100分，共分3个方面具体考核。

（一）工作机制

本项满分 6 分，共分 2 项：职责分工，3 分；制度建设，3 分。

1. 职责分工

1）基本要求

建立健全煤炭洗选企业商品煤质量控制体系，明确主要负责人全面负责、分管负责人负责商品煤设计/开发、清洁生产、质量管控、营销、售后等全流程管控，各科室、班组、岗位人员职责明确。

2）评分方法

查现场和资料。未建立责任体系不得分，职责内容不明确 1 项扣 1 分；主要负责人、分管负责人不清楚职责 1 人扣 1 分，其他人员不清楚职责 1 人扣 0.5 分。

2. 制度建设

1）基本要求

建立商品煤质量控制相关制度，包括清洁生产管理制度、营销制度、售后服务制度、商品煤质量标准、商品煤设计/开发标准、商品煤生产标准、营销标准、售后/交付/标准、外委制度和执行标准，商品煤质量检测，年度绩效考核等，并落实。

2）评分方法

查资料和现场。未建立制度不得分；内容缺 1 项扣 1 分，制度不执行 1 项扣 1 分。

（二）全流程管理

本项满分 89 分，共分 16 项：工业厂区及作业场所，5 分；

卸煤/储煤/给煤及地面生产系统，4分；原煤准备，4分；煤炭分选，7分；固液分离，5分；厂内外运输，3分；装车，3分；辅助系统，10分；设备管理，12分；许可作业，6分；电气安全，12分；自动监控和信息化管理，5分；技术检查，6分；外委施工管理，1分；消防，3分；应急救援，3分。

1. 工业厂区及作业场所

1) 基本要求

（1）按照《选煤厂安全规程》的要求，确保厂区车行道、人行道、救护线路畅通，做好夜间照明；交通标志、信号装置或落杆设置合理；固定盖板、围栏、警示牌、警告红灯设置合理；建构筑物坚固安全，排水设施完好且排水通畅。

（2）按照《选煤厂安全规程》的规定，加设栏杆地点、高度、拆卸、厂房内盖板、电缆及管道架设地点、高度、厂房内通道宽度、过桥或走台设置，地面防滑，作业场所采光、照明，冰冻期间防冻，设备传动部分防护装置安设、选型，网状防护装置网孔设置，设备发生故障处理、停电挂牌、专人监护，清扫作业场所等，行人跨越铁路/运转设备设施、粉尘作业点除尘、特定场所的通风、特定作业点温度、降噪、放射源管理、操作人员劳动保护等符合要求。

（3）按照《选煤厂安全规程》的规定，作业点空气中的有害物浓度、生活用水检测、建档、选矸的临时贮存符合要求。

（4）按照《选煤厂安全规程》的规定，从业人员劳动保护、有毒有害气体/高温场所的安全措施，粉尘/噪声定期检测及有效控制，尘肺病的防治、职业健康损害从业人员的安排与治疗等应符合相关要求。

（5）按照《选煤厂安全规程》的规定，安全生产培训教育计划、组织实施、建档等应符合相关要求。

2) 评分方法

查现场和资料。工业厂区及作业场所不符合要求1项扣0.1分,直至扣完为止。

2. 卸煤/储煤/给煤及地面生产系统

1) 基本要求

(1) 按照《选煤厂安全规程》的规定,受煤坑篦子、声/光信号设置、地下建筑、卸煤工、卸煤机操作注意事项、翻车机卸煤、绞车牵引卸煤、卸煤机的检修等应符合要求。

(2) 按照《选煤厂安全规程》的规定,煤仓的检查、防护、破拱/清仓设施配备、储煤场管理、储煤筒仓管理、人工清仓等符合要求。

(3) 按照《选煤厂安全规程》的规定,煤仓堵塞时捅煤、给煤机被物料卡住堵塞、给煤机运行安全、落煤等应符合要求。

(4) 按照《选煤厂安全规程》的规定,堆取料机、破碎站、地面运输作业应符合要求。

2) 评分方法

查现场、资料或询问,不符合1项扣0.1分,扣完为止。

3. 原煤准备

1) 基本要求

(1) 按照《选煤厂安全规程》的规定,优先采用人工智能机器除杂,人工手选应符合要求。

(2) 按照《选煤厂安全规程》的规定,筛分机启动、运行、传动防护、维修、防灭火等应符合要求。

(3) 按照《选煤厂安全规程》的规定,破碎机运行、旋转部件防护罩设置、破碎机零件更换、破碎物料管理、破碎机清理检修等应符合要求。

（4）磨碎机安全防护栏设置、磨碎机运行管理、入料管理、磨碎机清理应符合要求。

2）评分方法

查现场、资料和询问。不符合要求 1 项，扣 0.1 分，扣完为止。

4. 煤炭分选

1）基本要求

（1）按照《选煤厂安全规程》的规定，水洗系统电气设备防护、接线、水洗系统 pH 值的控制等符合要求。

（2）按照《选煤厂安全规程》的规定，跳汰机防护、传动防护、运行、操作、维修、清理等应符合要求。

（3）按照《选煤厂安全规程》的规定，浅槽分选机防护、介质桶、分选设备的闭锁运行、分选设备入料、旋流器维护等符合要求。

（4）按照《选煤厂安全规程》的规定，干选机的使用、作业场所、维修与检修，分选室安全、气割/电焊、风选等应符合要求。

（5）按照《选煤厂安全规程》的规定，螺旋分选、干扰床分选等应符合要求。

（6）按照《选煤厂安全规程》的规定，浮选车间环境、浮选机/浮选柱运行、浮选药剂站、浮选机/浮选柱事故处理处置、清理等应符合要求。

（7）按照《选煤厂安全规程》的规定，摇床分选激振箱上电动机电源、设备故障处理、操作人员等应符合要求。

2）评分方法

查现场、资料和询问，不符合要求1项扣0.1分，扣完为止。

5. 固液分离

1）基本要求

（1）按照《选煤厂安全规程》的规定，煤泥水实现闭路循环、处理系统设备防护、洗水外溢的应急等应符合要求。

（2）按照《选煤厂安全规程》的规定，水池/角锥池/捞坑盖板设置、防护、走桥设置、检查孔脚蹬或固定扶梯的设置、密闭水池等排气孔设置、作业人员池内检查、清理等应符合要求。

（3）按照《选煤厂安全规程》的规定，浓缩设施建设、防护、维护，絮凝剂添加、池底沉淀物的厚度监测、过载处理处置等应符合要求。

（4）按照《选煤厂安全规程》的规定，加压过滤机、压滤机、穿流式（隔膜）压滤机作业等应符合要求。

（5）按照《选煤厂安全规程》的规定，离心脱水、筛分脱水、干燥等应符合要求。

2）评分方法

查现场、询问。不符合1项扣0.1分，扣完为止。

6. 厂内外运输

1）基本要求

（1）按照《选煤厂安全规程》的规定，带式输送机、刮板输送机、斗式提升机输送等符合要求。

（2）按照《选煤厂安全规程》的规定，选煤厂机动车运输应符合要求。

（3）按照《选煤厂安全规程》的规定，选煤厂铁路运输应符合要求。

2）评分方法

查现场、资料和询问。不符合1项扣0.1分，扣完为止。

7. 装车

1）基本要求

（1）按照《选煤厂安全规程》的规定，选煤厂装车作业、操作人员及驾驶员培训、要求、装车系统装置、故障处理处置、注意事项等应符合要求。

（2）按照《选煤厂安全规程》的规定，选煤厂机车装车应符合要求。

（3）按照《选煤厂安全规程》的规定，选煤厂调度绞车装车应符合要求。

2）评分方法

查现场、资料和询问。不符合1项扣0.1分，扣完为止。

8. 辅助系统

1）基本要求

（1）按照《选煤厂安全规程》的规定，磁选机操作等应符合要求。

（2）按照《选煤厂安全规程》的规定，溜槽操作等应符合要求。

（3）按照《选煤厂安全规程》的规定，管道设置、维护、检修等应符合要求。

（4）按照《选煤厂安全规程》的规定，水泵运行、操作，真空泵及其管路，潜水泵等应符合要求。

（5）按照《选煤厂安全规程》的规定，风机配置、空压机风包、双段式鼓风机、空压机防护、移动式空压机等应符合要求。

(6) 按照《选煤厂安全规程》的规定,除铁器等应符合要求。

(7) 按照《选煤厂安全规程》的规定,浓缩加药等应符合要求。

(8) 按照《选煤厂安全规程》的规定,装车辅助设施等应符合要求。

(9) 按照《选煤厂安全规程》的规定,供暖系统等应符合要求。

(10) 按照《选煤厂安全规程》的规定,计量器具等应符合要求。

2) 评分方法

查现场、资料和询问。不符合1项扣0.1分,扣完为止。

9. 设备管理

1) 基本要求

(1) 按照《选煤厂安全规程》的规定,应遵守设备管理一般规定,包括设备运行中人的行为、设备管理制度的建立、操作规程/作业规程制定/执行、设备安装检修作业要求等。

(2) 按照《选煤厂安全规程》的规定,应建立设备检查制度,设备检查、维修保养等应符合要求。

(3) 按照《选煤厂安全规程》的规定,设备安装与维修应符合要求。

(4) 按照《选煤厂安全规程》的规定,特种设备管理等应符合要求。

(5) 按照《选煤厂安全规程》的规定,起重机械管理等应符合要求。

(6) 按照《选煤厂安全规程》的规定,电梯管理等应符合要求。

（7）按照《选煤厂安全规程》的规定，卷扬机管理应符合要求。

（8）按照《选煤厂安全规程》的规定，吊钩、吊环及卸扣管理应符合要求。

（9）按照《选煤厂安全规程》的规定，滑车及滑车组管理应符合要求。

（10）按照《选煤厂安全规程》的规定，手拉葫芦管理应符合要求。

（11）按照《选煤厂安全规程》的规定，千斤顶的管理应符合要求。

（12）按照《选煤厂安全规程》的规定，压力容器管理应符合要求。

2）评分方法

查现场、资料和询问。不符合1项扣0.1分，扣完为止。

10. 许可作业

1）基本要求

（1）按照《选煤厂安全规程》的规定，选煤厂对危险性较大的作业活动实行许可管理，并履行相关手续，作业前应进行安全风险分析并采取相应安全和应急措施。

（2）按照《选煤厂安全规程》的规定，起重作业应符合要求。

（3）按照《选煤厂安全规程》的规定，动火作业应符合要求。

（4）按照《选煤厂安全规程》的规定，高处作业应符合要求。

（5）按照《选煤厂安全规程》的规定，有限空间作业应符合要求。

（6）按照《选煤厂安全规程》的规定，临时用电作业应符合要求。

2）评分方法

查现场、资料和询问。不符合1项扣0.1分，扣完为止。

11. 电气安全

1）基本要求

（1）按照《选煤厂安全规程》的规定，电气安全作业现场应符合基本条件。

（2）按照《选煤厂安全规程》的规定，电气安全用具、防雷应符合要求。

（3）按照《选煤厂安全规程》的规定，变电所、配电室应符合要求。

（4）按照《选煤厂安全规程》的规定，停送电管理应符合要求。

（5）按照《选煤厂安全规程》的规定，远程停送电应符合要求。

（6）按照《选煤厂安全规程》的规定，防爆电气应符合要求。

（7）按照《选煤厂安全规程》的规定，架空线路和电缆线路应符合要求。

（8）按照《选煤厂安全规程》的规定，电缆防火与防护应符合要求。

（9）按照《选煤厂安全规程》的规定，电气试验与测定应符合要求。

（10）按照《选煤厂安全规程》的规定，电气设备保护和接地应符合要求。

（11）按照《选煤厂安全规程》的规定，照明、通信和信号应符合要求。

（12）按照《选煤厂安全规程》的规定，电气设备操作和维护应符合要求。

2）评分方法

查现场、资料和询问。不符合1项扣0.1分，扣完为止。

12. 自动监测和信息化管理

1）基本要求

（1）按照《选煤厂安全规程》的规定，选煤厂自动监控和信息化管理应遵守一般规定。

（2）按照《选煤厂安全规程》规定，选煤厂安全监测监控应符合要求。

（3）按照《选煤厂安全规程》的规定，选煤厂集中控制应符合要求。

（4）按照《选煤厂安全规程》的规定，选煤厂自动化及智能化应符合要求。

（5）按照《选煤厂安全规程》的规定，选煤厂信息化管理应符合要求。

2）评分方法

查现场和资料。不符合要求1项扣0.1分，扣完为止。

13. 技术检查

1）基本要求

（1）按照《选煤厂安全规程》的规定，选煤厂化验室、煤样室、煤样制备等应符合一般规定的要求。

（2）按照《选煤厂安全规程》的规定，选煤厂采样应符合要求。

（3）按照《选煤厂安全规程》的规定，选煤厂制样应符合要求。

（4）按照《选煤厂安全规程》的规定，选煤厂浮沉、筛分试验应符合要求。

（5）按照《选煤厂安全规程》的规定，选煤厂化验应符合要求。

（6）按照《选煤厂安全规程》的规定，选煤厂化学品管理应符合要求。

2）评分方法

查现场和资料。不符合要求1项扣0.1分，扣完为止。

14. 外委施工管理

1）基本要求

按照《选煤厂安全规程》的规定，选煤厂承包商管理应符合要求。

2）评分方法

查现场和资料。不符合要求1项扣0.1分，扣完为止。

15. 消防

1）基本要求

（1）按照《选煤厂安全规程》的规定，选煤厂消防管理应符合一般规定的要求。

（2）按照《选煤厂安全规程》的规定，选煤厂防火管理应符合要求。

（3）按照《选煤厂安全规程》的规定，选煤厂灭火管理应符合要求。

2）评分方法

查现场和资料。不符合要求1项扣0.1分，扣完为止。

16. 应急救援

1）基本要求

（1）按照《选煤厂安全规程》的规定，选煤厂的应急管理应符合要求。

（2）按照《选煤厂安全规程》的规定，选煤厂救援装备与设施应符合要求。

（3）按照《选煤厂安全规程》的规定，选煤厂的应急处置应符合要求。

2）评分方法

查现场和资料。不符合要求1项扣0.1分，扣完为止。

（三）保障措施

本项满分5分，共分5个分项：信息管理，1分；改进完善，1分；资金保障，1分；教育培训，1分；考核管理，1分。

1. 信息管理

1）基本要求

采用信息化管理手段，实现对商品煤生产安全、环保、职业病防治等进行全流程记录统计、过程跟踪、信息上报、不符合报警的信息化管理。

2）评分方法

查现场和资料。未采取信息化手段不得分，管理内容缺1项扣0.2分。

2. 改进完善

1）基本要求

选煤厂主要负责人定期组织召开质量管控会议，了解通报安全生产、节能与环保、职业病防治等情况，编制月度统计分析报告，布置月度质量管控重点，提出质量控制的措施。

2）评分方法

查资料。未定期召开会议或未编制报告不得分；未有质量管控措施，扣0.5分。

3. 资金保障

1）基本要求

质量管控应资金有保障。

2）评分方法

查现场和资料。资金无保障不得分。

4. 教育培训

1）基本要求

（1）每年组织主要责任人、分管负责人及各科室相关人员和班组管理人员进行1次质量管控专项培训。

（2）每年至少对生产建设职工进行1次质量管控基本技能培训。

2）评分要求

（1）查资料。未按要求开展培训不得分；主要负责人、分管负责人缺1人扣0.5分，其他人员缺1人扣0.2分。

（2）查资料。培训内容和学时不符合要求1处扣0.5分，缺1人扣0.2分。

5. 考核管理

1）基本要求

（1）按选煤厂制度规定对质量管控开展检查。

（2）检查结果纳入工作绩效考核。

2）评分方法

查资料。未开展检查 1 次扣 0.5 分，检查结果未纳入考核 1 次扣 0.5 分。

第十一章

煤炭洗选企业安全生产标准化管理体系持续改进

一、工作要求

（1）煤炭洗选企业应建立持续改进的相关工作制度，涵盖对体系的考核评价、持续改进要求。

（2）煤炭洗选企业应每季度至少组织一次安全生产标准化管理体系运行情况的全面自查自评，并根据内部自查自评和外部（含上级安全生产标准化工作主管部门）检查考核评价，评估体系运行的有效性；定期归纳分析问题和隐患产生的根源，制定改进措施并落实。

（3）煤炭洗选企业主要负责人应每年根据考核评价报告、研究制定改进方案、修改完善相应的管理制度，调整运行机制。

（4）煤炭洗选企业应将安全生产目标完成情况、安全生产标准化管理体系内部自查自评和外部检查考核结果，作为相关部门年终考核项目。

二、评分办法

煤炭洗选企业持续改进标准化评分，通过查阅资料等方式，给出相应得分。持续改进满分100分，共分3个方面具体考核。

（一）工作机制

本项共分 20 分。

1. 基本要求

建立相关工作制度，涵盖对体系的考核评价、持续改进的要求，对考核工作的责任分工、工作流程、整改落实、总结分析、绩效管理、改进完善等内容作出规定并落实。

2. 评分方法

查资料。未建立制度不得分；制度缺 1 项内容扣 1 分；1 项未按制度执行扣 1 分，扣完 20 分为止。

（二）考核评价

本项总分 40 分，共分 2 个分项：检查评价，20 分；内部考核，20 分。

1. 检查评价

1）基本要求

每季度对内部自查自评和外部检查考核的结果进行总结，归纳分析问题或隐患产生的根源，制定改进措施并落实。

2）评分方法

查资料。总结缺 1 次扣 4 分；未归纳分析或制定改进措施 1 次扣 2 分；措施 1 条未落实扣 1 分，扣完 20 分为止。

2. 内部考核

1）基本要求

每季度根据标准化管理体系内部自查自评和外部检查考核结果，分解落实责任，纳入有关部门、人员绩效考核。

2）评分方法

查资料。1 次未分解责任或纳入绩效管理扣 3 分，扣完 20 分为止。

（三）持续改进

本项总分 40 分。

1. 基本内容

（1）每年底由主要负责人组织对标准化管理体系的运行质量进行客观分析，衡量规章制度、规程措施的有效性，形成体系运行分析报告。该项占分 20 分。分析工作的依据应包含但不限于以下方面：

——安全生产目标考核结果；

——安全承诺考核结果；

——安全生产责任制考核结果；

——标准化内部自查和外部检查考核情况；

——国家政策、法规、标准变化调整情况；

——年度风险辨识结果及全年重大风险管控情况；

——职工诉求；

——本单位生产安全事故情况。

（2）依据体系运行分析报告，按照实际需要调整理念目标和主要负责人安全承诺、组织机构、安全生产责任制及安全管理制度、风险分级管控、隐患排查治理、质量控制等内容，形成调整方案，明确责任人、完成时限，指导下一年度体系运行，明确保持、提升标准化管理体系等级的规划。

2. 评分方法

查资料。

（1）主要负责人未组织或未分析不得分；未形成报告扣 8

分；分析报告不符合实际扣 5 分；缺 1 项依据扣 2 分，扣完 20 分为止。

（2）未制定调整方案不得分；方案不符合要求或未按照方案进行调整，1 项扣 2 分，扣完 20 分为止。